高职高专计算机实用规划教材——案例驱动与项目实践

网络操作系统与应用
(Windows Server 2012)
(第2版)

王　黎　袁　礼　刘学工　主　编

王艳淼　张　景　段炬霞　吕殿基　副主编

清华大学出版社

北　京

内 容 简 介

本书以 Windows Server 2012 网络操作系统在企业网络管理中的应用为主线，由企业一线网络管理工程师参与，依据网络管理工作实际，兼顾高职学生学习特点及能力，以及网络操作系统在网络管理中的主流应用等，力求使学生真切了解操作系统在网络管理中的作用，能够独立掌握网络的基本构建方法、胜任相关网络服务的配置与管理以及维护工作。

本书内容包括：操作系统的功能特点、系统的安装、系统环境设置、DHCP 服务、IIS 服务、DNS 服务、AD 和域等的安装、配置与管理；最后是企业网管介绍和网络管理中三种有关系统维护的主要工作。

本书内容精练、通俗易懂，具有很强的实用性、可操作性和指导性。每章开始都是基于情境的案例导入，然后展开知识的介绍，章后都设有实训内容，以完成学生能力的训练。

本书可作为高职高专计算机专业网络操作系统课程的教材，也可作为网络管理工程技术人员的参考用书。

图书在版编目(CIP)数据

网络操作系统与应用：Windows Server 2012/王黎，袁礼，刘学工主编. —2 版. —北京：清华大学出版社，2019(2024.8 重印)

(高职高专计算机实用规划教材·案例驱动与项目实践)

ISBN 978-7-302-51544-9

Ⅰ.①网…　Ⅱ.①王…②袁…③刘…　Ⅲ.①Windows 操作系统—网络服务器—高等职业教育—教材　Ⅳ.①TP316.86

中国版本图书馆 CIP 数据核字(2018)第 249843 号

责任编辑：汤涌涛
封面设计：李　坤
责任校对：王明明
责任印制：杨　艳
出版发行：清华大学出版社
　　　　　网　　　址：https://www.tup.com.cn, https://www.wqxuetang.com
　　　　　地　　　址：北京清华大学学研大厦 A 座　　邮　　编：100084
　　　　　社　总　机：010-83470000　　　　　　　　邮　　购：010-62786544
　　　　　投稿与读者服务：010-62776969, c-service@tup.tsinghua.edu.cn
　　　　　质量反馈：010-62772015, zhiliang@tup.tsinghua.edu.cn
　　　　　课件下载：https://www.tup.com.cn, 010-62791865
印　装　者：北京嘉实印刷有限公司
经　　　销：全国新华书店
开　　　本：185mm×260mm　　　印　　张：15.75　　　字　　数：380 千字
版　　　次：2011 年 2 月第 1 版　2019 年 1 月第 2 版　　印　　次：2024 年 8 月第 7 次印刷
定　　　价：45.00 元

产品编号：077543-01

前　　言

《网络操作系统与应用(Windows Server 2003)》一书自 2011 年第 1 版出版发行以来，被很多高职高专院校采用，作为网络技术等相关专业网络操作系统课程的教材使用，受到广大同行的肯定和一致好评。同时也积累了一些有价值的反馈意见，再加上目前各企事业单位使用的网络操作系统大多数已经升级为 Windows Server 2012，为了满足市场需求，应读者要求，作者在全面总结第 1 版成功经验的基础上，根据当前技术发展和教材使用后的反馈信息，对全书进行了修订。

《网络操作系统与应用(Windows Server 2012)(第 2 版)》的特点主要有：操作系统升级为 Windows Server 2012 系统；根据课堂需求，方便学生学习，将部分章节顺序进行了调整。

本次修订，更加突出以下特色。

1. 更加符合高职院校学生特点

本书定位于高等职业院校职业教育需求，以操作系统在企业网络管理中的应用为主线，以网络管理工程师的实际任务为依据，选择并展示了网络操作系统在网络管理中的主流应用。通过学习，读者能够了解操作系统在网络管理中的作用；能够独立完成网络的基本构建方法；胜任相关网络服务的配置与管理，以及网络的维护工作。

2. 内容安排更加合理

本书主要内容为：第 1 章是基础知识准备部分，介绍操作系统的基本概念、类型和功能，通过简单网络管理案例的描述，使读者第一时间了解操作系统在网络管理中的重要作用；第 2 章介绍 Windows Server 2012 网络操作系统的特点、新增功能及安装；第 3~6 章是基本技能准备部分，内容包括系统环境设置、本地用户及组的创建和管理、磁盘管理、管理文件系统、管理打印服务等；第 7~13 章是管理技能实战部分，包括 DHCP 服务、IIS 服务、DNS 服务、AD 和域的安装、配置与管理等；第 14 章是网管心得，介绍来自市场资深的网络工程师在实际工作中积累的丰富经验，以及网络管理中常用的系统管理策略及系统维护方法。

本书内容精练、通俗易懂，具有很强的指导性、实用性和可操作性，使读者快速吸收理论知识，掌握部分实际的、主流的操作技能，基本胜任相关行业的用人要求。

本书的作者都是长期从事计算机应用专业及网络专业的一线教师和一线网管，由王黎、袁礼、刘学工担任主编，王艳淼、张景、段炬霞、吕殿基担任副主编，参编的教师有刘建国、刘军玲、张丽娟和中标麒麟教育学院的冯亚北。其中第 1 章由刘军玲、张丽娟编写；第 4、5、8、9 章由王黎编写，第 3 章由冯亚北编写，第 2、10、11 章由刘学工编写，第 6 章由张景、刘建国编写，第 7、12 章由袁礼编写，第 13 章由王艳淼编写，第 14 章由段炬霞、吕殿基编写。全书由王黎负责统稿，张景、杨永康为操作部分提供了实验环境。感谢对原书的出版工作做出重大贡献的邱冬副教授。本书在编写过程中参考了大量的文献资料和微软公司官方网站资料，吸取了许多同仁的宝贵经验，在此表示衷心感谢！

由于作者水平有限，书中难免存在疏漏和不妥之处，敬请广大读者批评指正。

编　者

教师资源服务

目 录

高职高专计算机实用规划教材——案例驱动与项目实践

高职高专计算机实用规划教材——案例驱动与项目实践

第 1 章　网络操作系统概述

学习提示

什么是操作系统？它完成了哪些功能？为了完成这些功能都采用了什么技术和服务？在目前市场流行的众多操作系统中，应如何根据不同的管理需求和网络规模去选择适用的操作系统呢？

本书选择了目前在大、中、小型企业网络管理中普遍应用的网络操作系统 Windows Server 2012，它是兼具高性能、高稳定性、高安全性、高效率、易用性的解决方案。本书所选内容从基础知识出发，重点面向应用，目的是使读者通过学习，能够对 Windows Server 2012 网络操作系统"会安装、会操作、会配置、会管理"，成为合格的应用型人才。

学习目标

本章主要从操作系统应用者的角度介绍网络操作系统的基本概念与管理任务；介绍当今市场主流网络操作系统及其特点；以及不同的应用场合选择不同的网络操作系统的依据。本书还将从管理员的管理实践中选择一些典型的管理实例，使读者感受到操作系统在管理应用中的重要作用和地位。

1.1　网络操作系统简介

网络操作系统究竟在计算机网络中扮演着什么样的角色？不同的用户大概会有不同的回答。一般利用计算机进行学习、工作、生活娱乐的用户，他们通常是利用计算机写报告、做报表、上网冲浪、听音乐、玩游戏，这些都能够感觉到一些应用程序的存在。比如 Office 办公系统软件、Internet Explorer 浏览器、聊天程序、媒体播放程序、游戏程序等。而对于操作系统的了解，大概就只有打开计算机时所看到的窗口界面和相关的一些基本操作，不会接触到操作系统深层次的对系统的管理作用，也就是说这些用户是应用层面的用户。而操作系统是在上述各种应用程序之底层必备的、需要先行安装的系统程序，它是计算机能够为我们提供服务的最基础的系统软件。

企事业单位网络的系统管理员们会说，操作系统不仅仅是进行计算机应用及网络应用的基础，还是维护、管理计算机网络系统正常工作必不可少的工具，是使网络系统软硬件资源能够共享并为用户提供各种服务的保障。因此，系统管理员是更深一层次的、进行系统维护和管理层面的用户。

那么究竟操作系统(Operating System，OS)是什么呢？操作系统不是与大家直接相关的应用软件，是介于我们看得到的计算机系统、网络设备等一切硬件设备与我们感受得到的那些应用程序之间不可缺少的部分，正是因为有了操作系统的存在，才使得我们能够感受得到的那些应用程序能够在我们看得到的计算机硬件和网络系统中被执行。因此，我们说操作系统是一切软件运行的基础，它在整个计算机系统中具有承上启下的地位，如图 1-1 所示。

图 1-1　操作系统的地位

　　从用户角度看，操作系统是对计算机硬件的扩充；从人机交互方式来看，操作系统就是用户与计算机的接口；而从计算机的系统结构上看，操作系统又是一种层次、模块结构的程序集合。从操作系统的设计方面还能体现出计算机技术和管理技术的结合，具体体现在它是负责对计算机硬件直接控制及管理的系统软件。

　　网络操作系统(Network Operating System，NOS)是网络的心脏和灵魂，它能够控制计算机在网络中传送信息和共享资源，是向网络计算机提供网络通信和网络资源共享功能的系统软件。网络操作系统除具有上述操作系统的 5 项常规功能(处理器管理、作业管理、存储器管理、设备管理和文件管理)外，还负责管理整个网络资源和网络服务，是使网络上各计算机能方便、有效地共享网络资源，提供各种管理和服务的软件及相关规程的集合。它是最重要的网络软件，是其他网络软件的基础。

　　计算机单机操作系统承担着一个计算机中的任务调度及资源管理与分配，而网络操作系统则承担着整个网络范围内的任务管理以及资源的管理与分配。相对于单机而言，网络操作系统的内容要复杂得多，它必须帮助用户越过各主机的界面，对网络中的资源进行有效的利用和开发，对网络中的设备进行存取访问，并支持各用户间的通信，所以它提供的是更高一级的服务。除此之外，它还必须兼顾网络协议，为协议的实现创造条件和提供支持。

　　操作系统与网络操作系统是性质有别的操作系统，所提供的服务类型也有差别。各自适用于不同的场合。一般当计算机中安装了操作系统，如 Windows 2003 Professional、Windows 7 等之后，则该计算机在网络中是工作站角色；而当计算机安装的是 NOS，并配置了相关的服务，如 Windows Server 系列、NetWare、Unix 和 Linux 等，则该计算机在网络中的角色是服务器(当然也可以仍然是一台工作站)，要向其他工作站提供相关的服务，被称为服务器。正是由于网络操作系统通常是运行在服务器上的，所以也被称为"服务器操作系统"。网络操作系统是以使网络相关特性达到最佳为目的，如共享数据文件、软件应用，共享磁盘、打印机、调制解调器、扫描仪、传真机等。

1.2　网络操作系统的功能及特性

1.2.1　网络操作系统的功能

操作系统在计算机系统中起着重要作用。它作为用户接口和服务提供者，为用户提供尽可能方便、易用的运行环境和最佳服务。用户通过操作系统使用计算机系统。它还是资源的管理者和控制者，管理、控制与调度计算机系统的软硬件资源，提高系统效率和资源利用率。

网络操作系统的功能一般可归纳为以下几点。

(1) 控制、调度和管理网络的共享资源。

(2) 合理地管理和控制服务器、客户机的操作。

(3) 为用户提供高效、可靠的网络通信能力。

(4) 为用户提供方便的工作环境和网络服务。

从资源管理的观点出发，网络操作系统的功能可归纳为处理器管理、存储管理、设备管理、文件管理、网络与通信管理、用户接口管理。

1. 处理器管理

中央处理器是计算机系统中最重要、最宝贵、竞争最激烈的硬件资源，是所有数据加工及程序执行的场所。如何协调各个程序之间的运行关系，如何及时反映不同用户对各个资源的应用请求，以使众多用户可以公平地得到计算机的资源等，都是处理器管理作用的范畴。多处理器系统出现，增强了系统的功能，但也加大了管理的复杂性。

为了最大限度地提高 CPU 的利用率，操作系统采用了多道程序设计技术，当多道程序并发运行时，引入了进程的概念。所谓"进程"，通俗地说就是程序的一次执行过程。一个进程包括一个程序模块和该模块一次执行时所处理的数据。通过进程管理，协调 CPU 分配调度、冲突处理及资源回收等多道程序之间的关系，组织多个作业同时执行，解决处理器的调度、分配、回收等问题。

例如，我们常常会一边使用聊天程序，一边通过媒体播放程序欣赏美妙的音乐，同时还在用 Word 程序赶写一份报告。在多个不同的应用并发地申请 CPU 资源的时候，虽然一个 CPU 同一时刻只能服务于一个进程，而我们却感觉到各个程序都在同时运行着，这就是进程管理面对众多应用发生冲突时在一个 CPU 或者是多个 CPU 间指挥、控制、分配着 CPU，使其同时服务于不同进程的结果。因此，进程管理实质上是对处理器执行"时间"的管理。计算机网络环境中更是以众多的用户同时访问一个服务器为常态。服务器硬件结构上虽有多个 CPU，也同样存在 CPU 的分配与进程间的协调问题。多处理器系统的出现，增强了系统的功能，但也加大了管理的复杂性。

2. 存储管理

存储管理的实质是管理内存资源，为多道程序运行提供有力的支撑，提高存储空间的利用率。因为只有被装入主存储器的程序才有可能去竞争中央处理器，所以有效地利用主存储器才能保证多道程序设计技术的实现，才能保证中央处理器的使用效率。

存储管理是根据用户程序的要求为用户分配主存储区域。当多个程序共享有限的内存资源时，操作系统就按某种分配原则，为每个程序分配内存空间，使各用户的程序和数据彼此隔离，互不干扰及破坏；当某个用户程序工作结束时，要及时收回它所占的主存储区域，以便再装入其他程序。另外，操作系统还利用虚拟内存技术，把内、外存结合起来，共同管理。

3. 设备管理

操作系统对设备的管理主要体现在两个方面：一方面，它提供了用户和外设的接口。用户只需要通过键盘命令或程序向操作系统提出申请，则操作系统中设备管理程序可以实现外部设备的分配、启动、回收和故障处理。另一方面，为了提高设备的效率和利用率，操作系统还采取了缓冲技术和虚拟设备技术，尽可能使外设与处理器并行工作，以解决快速 CPU 与慢速外设的矛盾。

4. 文件管理

文件管理又称为信息管理。文件管理是对逻辑上有完整意义的信息资源(程序和数据)以文件的形式存放在外存储器(磁盘、磁带)上的数据进行管理。

文件管理是操作系统对计算机系统中软件资源的管理，通常由操作系统中的文件系统来完成这一功能。文件系统由文件、管理文件的软件和相应的数据结构组成。

文件管理有效地支持文件的存储、检索、修改等操作，解决文件的共享、保密和保护问题，并提供方便的用户界面，使用户能实现按名存取。这一方面使得用户不必考虑文件如何保存以及存放的位置，但另一方面也要求用户按照操作系统规定的步骤使用文件。

5. 网络与通信管理

计算机网络是计算机技术与通信技术结合的产物。由于网络中有成千上万台计算机联网工作，这就要求网络操作系统必须具有网络资源管理功能、数据通信管理功能、网络管理功能；实现网络中资源的共享，管理用户对资源的访问，保证信息资源的安全性和完整性；按照通信协议的规定，完成网络上计算机之间的信息传送；完成网络故障管理、安全管理、性能管理、日志管理、配置管理等。

6. 用户接口管理

所谓用户接口，是指为了使用户能够灵活、方便地使用计算机硬件和系统所提供的服务，操作系统向用户提供的一组使用其功能的手段。用户接口管理包括程序接口管理和操作接口管理。用户通过这些接口方便地调用操作系统的功能，有效地组织作业和处理流程，使得整个计算机系统高效率地运行。

1.2.2 网络操作系统的特性

网络操作系统要服务于庞大、复杂的网络，因而其功能相对于单用户或多用户操作系统有强大的管理能力。作为网络用户和计算机网络之间的接口，网络操作系统具有如下特征。

1．硬件独立性

硬件独立性是指网络操作系统支持多平台，也就是说可以在不同的网络硬件上运行，既可以运行于 x86 的 Intel 系统，也可以运行于 RISC 精简指令集的系统，如 DEC Alpha、MIPS R4000 等。

2．网络特性

网络操作系统管理计算机及网络资源，并提供良好的用户界面。如共享数据文件、软件应用，以及共享硬盘、打印机、扫描仪、传真机、调制解调器等资源。

3．可移植性、可集成性

网络操作系统具有很好的可移植性和可集成性。

4．多用户支持

在多用户环境下，网络操作系统给应用程序及其数据文件提供了标准化的保护。

5．支持多种文件系统

网络操作系统支持多种文件系统，以实现对系统升级的平滑过渡和良好的兼容性。

6．安全性

网络操作系统支持网络安全访问控制，提供了多种级别的保密措施，以保障网络用户对网络数据访问的安全。如口令保密、文件保密、目录保密、网间连接保密等。

7．容错性

网络操作系统能够提供多级系统容错能力，包括日志式的容错特征列表、可恢复文件系统、磁盘镜像、磁盘扇区备份等。

8．高可靠性

网络操作系统能够保证不间断地工作，提供完整、可靠的网络服务。

总而言之，网络操作系统为网上用户提供了便利的操作和管理平台。

Windows Server 2012 多任务服务器操作系统，是一个可靠、安全、高效、具备网络管理功能的优质服务器操作系统，具有服务器集群支持、可伸缩 SMP(对称多处理)支持、64位处理器支持、公共语言运行库等，并提供 IIS(Internet Information Services)、Web 服务等。本书就是选择了该网络操作系统作为我们学习的内容。

1.3　常用网络操作系统介绍

目前应用较为广泛的网络操作系统有 Windows 系列、NetWare、Unix、Linux 等。

计算机操作系统随着计算机的发展而发展，经历了从无到有、从小到大、从简单到复杂、从原始到先进的发展历程。种类也很繁多，有历史短暂的也有经久不衰的，有专用的也有通用的，产品十分丰富。因此，操作系统的分类方法比较多，通常是按照以下方式进行分类。

(1) 根据用户数目的多少，可分为单用户操作系统和多用户操作系统。

(2) 根据操作系统所依赖的硬件规模，可分为大型机操作系统、中型机操作系统、小型机操作系统和微型机操作系统。

(3) 根据操作系统提供给用户的工作环境，可分为多道批处理操作系统、分时操作系统、实时操作系统、网络操作系统、分布式操作系统等。

(4) 如果按照操作系统生产厂家、不同品牌划分，目前应用较为广泛的网络操作系统品牌有 Windows 系列、Novell 公司的 NetWare、Unix 家族和自由软件操作系统 Linux 等。

1.3.1　Windows 系列

用过计算机的人对 Windows 系列操作系统都不会陌生，这一类操作系统是全球最大的软件开发商——Microsoft(微软)公司开发的。微软公司的 Windows 系统不仅在个人操作系统中占有绝对优势，在网络操作系统中也是具有同样重要的位置。

Windows 系列操作系统是一种单用户多任务的操作系统，同一时刻只允许一个用户登录，但允许若干个用户程序并发执行，从而可以有效地改善系统的性能。

微软公司的 Windows 操作系统分为两类，一类是面向普通用户的单机操作系统，如 Windows 95/98、Windows NT Workstation、Windows 2000 Professional、Windows XP、Windows 7、Windows 8、Windows 8.1 和 Windows 10 等；另一类是高性能工作站、台式机、服务器以及大型企业网络等多种应用环境的服务器端的网络操作系统，如 Windows NT Server，Windows 2000 Server、Windows Server 2003、Windows Server 2008、Windows Server 2012 等。

从技术发展的角度来说，Windows Server 2012 延续了 Windows NT Server、Windows 2003 Server、Windows Server 2008 的行进路线。相对于以前的 Windows 版本，Windows Server 2012 有了更加突出的表现，如强化了结构安全性，简化了管理和使用的过程，降低了企业维护系统的成本，加强了系统的稳定性、可利用性与兼容性，为用户提供了更多对资源的访问权限，并易于建立具有可扩展性且易于管理的企业网站等。

1.3.2　NetWare

NetWare 操作系统应该说是网络操作系统的先驱，是局域网操作系统市场的主流，为网络应用及发展做出了巨大的贡献。

NetWare 操作系统是 Novell 公司 1981 年推出的高性能局域网操作系统。NetWare 最重要的特征是基于基本模块设计思想的开放式系统结构。NetWare 是一个开放的网络服务器平台，可以方便地对其进行扩充。NetWare 系统对不同的工作平台(如 DOS、OS/2、Macintosh 等)、不同的网络协议环境(如 TCP/IP)以及各种工作站操作系统提供了一致的服务。该系统内可以增加自选的扩充服务(如替补备份、数据库、电子邮件、记账等)，这些服务可以取自 NetWare 本身，也可取自第三方开发者。

NetWare 操作系统版本也非常丰富，比较主流的产品有 NetWare 5 和 NetWare 6，为需要在多厂商产品环境下进行复杂的网络计算的企事业单位提供了高性能的综合平台。

NetWare 操作系统虽然功能强大、完善，但由于产品的用户界面仍采用陈旧的命令菜单模式，导致其市场占有率呈下降趋势，被更加方便易用、用户界面友好的 Windows 家族和安全性更高的 Linux 系统分流掉了很多用户。

1.3.3　Unix 系列

Unix 操作系统是当代最具代表性的多用户多任务分时系统。

1970 年，美国 AT&T 公司 Bell 实验室的 Ken Thompson 用汇编语言在 PDP-7 计算机上设计了一个小型操作系统，取名为 Unix。Unix 从诞生至今已经有 40 多年的历史。

多用户多任务的含义是，允许多个用户通过各自的终端使用同一台主机，共享主机系统中的各类资源，而每个用户程序又可进一步分为几个可并发执行的任务。

Unix 操作系统的体系结构和源代码是公开的，有两个基本的版本，系统 V 和 BSD Unix。早期的 Unix 结构简单、功能强大，具有多用户多任务、便于移植等特点，到后来发展为具有可移植性好、树状分级结构的文件系统、良好的用户界面、字符流式文件、丰富的核外系统程序、管道文件连通、安全保障并可提供电子邮件和对网络通信的有力支持的成熟的主流操作系统，一直被高端计算机和网络系统广泛应用。

1.3.4　Linux 系列

Linux 于 1991 年由芬兰赫尔辛基大学计算机系学生 Linux Torvals 初创。

Linux 操作系统是一个完整的采用层次结构的操作系统，它不仅包含 Linux 核心，而且还包含了大量的系统工具、开发工具、应用软件、网络工具等。

Linux 是一种新型的网络操作系统，它的最大特点就是源代码开放，可以免费得到许多应用程序。它具有与 Unix 兼容、高性能和高安全性、便于再开发等优点，是近年来发展速度比较快的、前景非常好的操作系统。目前也有中文版本的 Linux，如 Redhat(红帽子)、红旗 Linux 等，在国内得到了用户充分的肯定。但这类操作系统目前仍主要应用于中、高档服务器中。

Linux 操作系统具有多任务、多用户、开放性、良好的用户界面、设备独立性、丰富的网络功能、可靠的系统安全、良好的可移植性等优点，已经越来越被人们所重视，正在作为热门的操作系统被广泛应用。

1.4　网络操作系统的选择

操作系统是计算机应用和计算机网络中不可缺少的重要组成部分，必须根据不同应用规模、应用层次等实际需求和现实条件选择其最适合的操作系统。

1.4.1　Windows 系列

在局域网中配置 Windows 系列操作系统是最常见的应用。但由于这类操作系统对服务器的硬件要求较高，且稳定性不是很高，所以一般只是用在中低档服务器中。高端服务器通常采用 Unix、Linux 或 Solairs 等非 Windows 操作系统。在局域网中，微软的网络操作系统主要有：Windows Server 2003 / Advance Server、Windows Server 2008、Windows Server 2012 等。工作站系统则可以采用任意一款 Windows 或非 Windows 操作系统，包括个人操作系统，如 Windows 7/8/8.1/10 等产品。

1.4.2　NetWare 类

NetWare 虽然早已失去了当年雄霸一方的气势，但是仍以对网络硬件的要求较低而受到一些网络建设比较早、设备变化不大的中、小型企业及学校的青睐。它在无盘工作站组建方面、毫无过分需求的大度方面表现出色。因为它兼容 DOS 命令，应用环境与 DOS 相似，经过长时间的发展，具有相当丰富的应用软件支持，技术完善、可靠。目前主流版本是 V5.0、V6.0 等。

NetWare 为需要在多厂商产品环境下进行复杂的网络计算的企事业单位提供了高性能的综合平台。NetWare 服务器对无盘站和游戏的支持较好，还常用于教学网和游戏厅。

1.4.3　Unix 系统

Unix 操作系统有支持网络文件系统服务、提供数据等应用，功能强大、稳定性好、可靠性高。用来提供各种 Internet 服务的计算机运行的操作系统占很大比例的是 Unix 及 Unix 类操作系统。目前常用的 Unix 系统版本主要有：AT&T 和 SCO 的 Unix SVR3.2、SVR4.0、SVR4.2、HP-UX 11.0，Sun 公司的 Solaris 8.0 等。

Unix 系统一般用于大型的网站或大型的企事业局域网中。

1.4.4　Linux 系统

由于 Linux 最大的特点就是源代码开放，因而具有安全性能高、便于再开发等优点，最适合那些对网络应用的安全性能要求比较高的场合。

对于每一类操作系统，都有适合于其特定计算环境和工作的场合。总的来说，Windows Server 2003 / 2012，是简单易用的操作系统，适合中小型企业及网站建设。Linux 具有更高的安全性和稳定性，一般用作网站的服务器和邮件服务器。Novell 是工业控制、生产企业、证券系统比较理想的操作系统。Unix 具有非常好的安全性和实时性，广泛应用在金融、银行、军事及大型企业网络上。

1.5　网络管理案例

网络管理员的日常工作非常繁杂，但是其工作的主要任务大致包括：网络基础设施管理、网络操作系统管理、网络应用系统管理、网络用户管理、网络安全保密管理、信息存储与备份管理以及网络机房的日常维护管理等。各项管理涉及了多个不同的领域，而每个领域的管理又有各自特定的任务。

1.5.1　构建企业网络

计算机网络是利用通信线路将地理上分散的、具有独立功能的计算机系统和通信设备按不同的形式连接起来，以功能完善的网络操作系统和通信协议等软件实现资源共享和信息传递的复合系统。可以看出，一个计算机网络系统若离开了网络操作系统是没有任何作用的。

一个企业如果规模不大，可以利用 Windows Server 2012 构建一个工作组结构的网络——对等网，如图 1-2 所示。对等式的网络不需要专用的服务器，可将企业的所有计算机利用网络连接设备和传输介质实现连接，网络中的每一台工作站既能作为服务器为其他工作站提供服务，也能作为工作站接受其他工作站提供的服务，相互间是完全平等、独立的关系。

图 1-2　对等网络

当企业规模较大时，企业内部的计算机和用户数量大，管理、统计、运算数据量较重，对等的网络结构明显不能满足企业需求。这种需求条件下应该利用 Windows Server 2012 构建一个客户机/服务器结构的网络(见图 1-3)。在服务器上安装 Windows Server 2012，配置各项管理服务功能，以完成管理任务和向客户机提供各种服务。

图 1-3 客户机/服务器结构的网络

1.5.2 用户组、用户及域的创建和管理

在企业网络中,使用计算机的每个人都有一个用户账户。用户使用他们自己的账户可以按照系统管理员分配给他们的权限使用企业网络中指定的资源,完成与其相对应的工作任务。每个企业都有自己的组织结构,结构有简单的和相对复杂的,每个人都会有所属部门。系统管理员在虚拟环境中要实现对现实存在的企业各个部门进行管理,就要在网络中创建与现实世界中相同的结构,才能更好、更方便地实现管理。结构简单的利用用户组用户,就能胜任角色管理,复杂些的则可利用域和域用户构建企业的域结构。

企业中除了用户,还有大量的硬件、软件和数据资源,这些资源也要在网络中被共享和管理。所有这些都可以利用 Windows Server 2012 按照企业的部门、人员的物理存在构建企业网络中的域、组织单位或者用户组、用户等,描述和架构企业网络的结构。

1.5.3 利用各种服务功能实现各项服务及管理

在企业网络中,除了每个人有一个用户账户外,还可能有为此用户对应提供的一些服务,如企业电子邮件服务、企业办公自动化的登录账户等。另外,通常用户名还与企业为其提供的电子邮件相对应(如用户名为 wch,企业电子邮件是 wch@heinfo.edu.cn)。

当网络环境中要对用户自动分配 IP 地址时,就会使用 DHCP 服务,自动为进入网络的用户分配一个 IP 地址,以大大减少管理人员手工维护的负担。

1.5.4 构建企业门户网站

每个企业现在都有自己的网站,以满足业务上内引外连的需要。例如,宣传自己的企业文化和企业产品;了解市场用户对企业产品的意见和建议,通过网络和企业的合作伙伴进行沟通等。为了实现这些目的,可以利用 Windows Server 2012 提供的 Internet 信息服务功能构建企业自己的网站。

1.6 实 践 训 练

1.6.1 任务 1：参观某企业网络或校园网络

任务目标：使学生对操作系统在网络管理中所起的重要作用有一定的感性认识，激发学生的学习积极性。

包含知识：计算机网络的基本组成与应用，管理员使用操作系统完成的管理任务及服务内容等。

实施过程：略。

常见问题解析：建议先讲一部分知识，为所参观内容做一些准备，使学生带着问题去参观，以提高参观的质量与效果。

1.6.2 任务 2：通过组织调研，完成一份调研报告

任务目标：使学生对各类操作系统的应用场合、操作系统功能、所提供的服务等有一个初步的了解。

包含知识：操作系统类别，操作系统功能，市场主流操作系统，管理员利用操作系统完成了哪些服务等。

任务内容：走访生活中方方面面(家庭、学校、网吧、商店、银行等)能够接触到的、联想到的操作系统应用实例 3～5 个。描述其应用的场合，所选操作系统的名称，使用了哪些服务，描述操作系统的性能是否满足应用系统对操作系统的要求，使用效果如何(优点与不足、评价使用适当否、存在的问题)等。

实施过程：略。

1.7 习   题

1. 什么是操作系统？操作系统应具有哪些功能？
2. 常用的网络操作系统有哪些？各操作系统的主要应用场合有哪些？
3. 列举你接触过的计算机及计算机网络应用中所使用的操作系统的名称及其特点。
4. 试举例说明网络操作系统的重要性。

第2章 安装 Windows Server 2012

学习提示

很多初学者认为，安装 Windows Server 2012 操作系统仅仅是一个单击"下一步"按钮的机械过程，其实不然。细心的用户会发现，在安装过程中，Windows Server 2012 操作系统会展示给用户一些非常有价值的信息。例如，在安装开始时出现的"Microsoft 软件最终用户许可协议"；在图形化安装阶段出现的 Windows Server 2012 操作系统的特点提示。仔细阅读并体会这些信息，将对我们以后的学习有很大帮助。另外，对系统管理员来说，在安装阶段准确无误地配置好 Windows Server 2012 操作系统的各种服务功能，会对日后的系统维护起到事半功倍的作用。

学习目标

本章讲述 Windows Server 2012 操作系统主要从以下 3 个方面入手：① Windows Server 2012 的家族成员和每个成员不同的使用需求；② Windows Server 2012 作为新一代的操作系统，具有的独特优势；③ Windows Server 2012 操作系统的安装。

2.1 Windows Server 2012 介绍

作为网络操作系统或服务器操作系统，高性能、高可靠性和高安全性是其必备要素，尤其是日趋复杂的企业应用和 Internet 应用，对其提出了更高的要求。

Windows Server 2012 是 Windows 8 的服务器版本，也是 Windows Server 2008 R2 的继任者。该操作系统已经在 2012 年 8 月 1 日完成编译 RTM 版，并且在 2012 年 9 月 4 日正式发售。

在微软的企业级操作系统中，Windows Server 2012 凝聚了微软多年来的技术积累。为适应不同用户的需求，Windows Server 2012 推出了 4 个版本：Foundation(基础版)、Essentials(精华版)、Standard(标准版)和 Data Center(数据中心版)。这些不同的版本各有侧重之处，可以给用户更多的选择和更贴切的支持。

(1) Windows Server 2012 精华版面向中小企业，用户限定在 25 位以内，该版本简化了界面，预先配置云服务连接，不支持虚拟化。

(2) Windows Server 2012 标准版提供完整的 Windows Server 功能，限制使用 2 台虚拟主机。

(3) Windows Server 2012 数据中心版提供完整的 Windows Server 功能，不限制虚拟主机数量。

(4) Windows Server 2012 基础版仅提供给 OEM 厂商，限定用户 15 位，提供通用服务器功能，不支持虚拟化。

各版本的简要信息比较如表 2-1 所示。

表 2-1　Windows Server 2012 各版本比较

版　本	Foundation	Essentials	Standard	Data Center
处理器上限	1	2	64	64
授权用户限制	1	25	无限	无限
远程桌面服务限制	20 个连接	250 个连接	无限	无限
虚拟化	无	1 个虚拟机或物理服务器，两者不能同时存在	2 个虚拟机	无限
Active Directory 域服务	有限制	有限制	有	有
服务器核心模式	无	无	有	有
Hyper-V	无	无	有	有

Windows Server 2012 R2 是在 Windows Server 2012 的基础上改进升级而来的，有 3 个主要版本，分别是 Standard(标准版)、Enterprise(企业版)和 Data Center(数据中心版)。

2.2　Windows Server 2012 的新特性

Windows Server 2012 安装时，可以随意在服务器核心(只有命令提示符)和图形界面之间切换。企业应用中，常选择核心模式，因为在核心模式下，服务器拥有更优秀的性能。但是对于新用户，对性能不太敏感的情况下，适合选择图形界面，使用和管理会更加友好。Windows Server 2012 的新特性主要体现在以下几个方面。

1. 用户界面

在用户界面上，简化了服务器管理。Windows Server 2012 重新设计了服务器管理器，采用了现代用户界面(核心模式除外)。在这个 Windows 系统中，PowerShell 已经有超过 2300 条命令开关，远远超过 Windows Server 2008 R2 的 200 多条。而且，部分命令可以自动完成。

2. 任务管理器

Windows Server 2012 拥有全新的任务管理器。隐藏选项卡的时候默认只显示应用程序。在【进程】选项卡中，以色调来区分资源利用。它列出了应用程序名称、状态以及 CPU、内存、硬盘和网络的使用情况。在【性能】选项卡中，CPU、内存、硬盘、以太网和 Wi-Fi 以菜单的形式分开显示。在 CPU 方面，虽然不显示每个线程的使用情况，不过它可以显示每个 NUNA 节点的数据。当逻辑处理器超过 64 个的时候，就以不同色调和百分比来显示每个逻辑处理器的使用情况。将鼠标悬停在逻辑处理器，可以显示该处理器的 NUNA 节点和 ID。

3. IP 地址管理

Windows Server 2012 有 IP 地址管理功能，其作用在于发现、监控、审计和管理在企业网络上使用的 IP 地址空间。IPAM 对 DHCP 和 DNS 进行管理和监控。IPAM 包括自定义 IP

地址空间的显示、报告和管理；审核服务器配置更改和跟踪 IP 地址的使用；DHCP 和 DNS 的监控和管理；完整支持 IPv4 和 IPv6。

4. Active Directory

在域模式方面，相对于 Windows Server 2008 R2 来说，Windows Server 2012 的 Active Directory 已经有了一系列变化。Active Directory 安装向导已经出现在服务器管理器中，并且增加了 Active Directory 的回收站。在同一个域中，密码策略可以更好地区分。Windows Server 2012 中的 Active Directory 已经出现了虚拟化技术。虚拟化的服务器可以安全地进行克隆。简化 Windows Server 2012 的域级别，它完全可以在服务器管理器中进行。Active Directory 联合服务已经集成到系统中，并且声称已经加入了 Kerberos 令牌。可以使用 Windows PowerShell 命令的"PowerShell 历史记录查看器"查看 Active Directory 操作。

5. Hyper-V

Windows Server 2012 包含全新的 Hyper-V 功能，包括网络虚拟化、多用户、存储资源池、交叉连接和云备份。另外，许多老版本的限制已经被解除。这个版本中的 Hyper-V 可以访问多达 64 个处理器，1TB 的内存和 64TB 的虚拟磁盘空间。最多可以同时管理 1024 个虚拟主机以及 8000 个故障转移群集。

此外，Windows Server 2012 中新引入了一个文件系统 ReFS(Resilient File System，弹性文件系统)，该文件系统目前只能应用于存储数据，还不能引导系统，并且在移动媒介上还无法使用。

2.3 Windows Server 2012 的安装

安装 Windows Server 2012 操作系统时，需要先了解 Windows Server 2012 在安装时的硬件需求。Windows Server 2012 最低配置，要求 1.4GHz 的 64 位处理器、512MB 的内存、32GB 硬盘空间。而最高配置，最多可以支持 64 个物理处理器、640 个逻辑处理器、4TB 内存、64 个故障转移群集节点。

目前，从 CD-ROM 引导安装 Windows Server 2012 的方法是最常见的，也是我们重点介绍的内容。这里以 Windows Server 2012 R2 企业版的安装为例。

安装的具体步骤如下。

(1) 将 Windows Server 2012 R2 的安装光盘放入光驱，打开电脑，选择从光驱启动(如果是用 U 盘制作的 Windows Server 2012 R2 启动盘，选择从相应的 U 盘启动)。

(2) 进入 Windows Server 2012 R2 的启动界面。等待安装程序启动完毕之后进入输入语言和其他首选项设置界面，要安装的语言、时间和货币格式都选择【中文(简体，中国)】选项，键盘和输入方法选择【微软拼音】选项，单击【下一步】按钮，如图 2-1 所示。

(3) 单击【现在安装】按钮，开始安装操作系统，如图 2-2 所示。

图 2-1　安装首选项设置

图 2-2　开始安装

（4）输入产品安装密钥，一般情况下在 Windows 包装盒的背面，每输入 5 个字符之后会自动加上"-"，输入完毕，单击【下一步】按钮，如图 2-3 所示。

（5）选择要安装的操作系统版本，注意：服务器核心安装是没有图形界面的。这里选择"带有 GUI 的服务器"，单击【下一步】按钮，如图 2-4 所示。

图 2-3　输入产品密钥

图 2-4　选择图形版本安装

（6）勾选【我接受许可条款】复选框，单击【下一步】按钮继续，如图 2-5 所示。

（7）在安装类型中选择自定义安装，以便手动给硬盘分区，如图 2-6 所示。

图 2-5　接受许可条款

图 2-6　选择自定义安装

（8）选中【驱动器 0 未分配的空间】，单击【新建】，给硬盘分区，也可以在此界面完成格式化分区、删除分区等操作，如图 2-7 所示。

（9）新建分区时，在【大小】文本框中输入分区大小，单击【应用】按钮，如图 2-8 所示。

图 2-7　给硬盘分区

图 2-8　设置分区大小

（10）Windows Server 2012 R2 会额外创建一个分区，即系统保留分区，来存放 Windows 的启动文件，这里单击【确定】按钮，如图 2-9 所示。

（11）选中安装系统的主分区，单击【格式化】进行分区格式化，然后单击【下一步】按钮开始安装，如图 2-10 所示。

图 2-9　额外分区创建提示

图 2-10　选择安装分区和格式化分区

（12）等待安装程序复制 Windows 文件，只需要一两分钟；准备要安装的文件需要 10 分钟左右，安装功能和安装更新速度很快，都完成之后系统将自动重启，如图 2-11 所示。

（13）第一次重启完成之后系统将自动安装设备，准备就绪之后系统将重启，如图 2-12 所示。

图 2-11　安装过程

图 2-12　第一次重启后安装设备

(14) 第二次重启完成之后，将进入设置 Administrator 账户密码的界面，如图 2-13 所示。

(15) 设置完密码之后，进入的是锁屏界面，如图 2-14 所示。

图 2-13　设置管理密码

图 2-14　锁屏登录

(16)按 Ctrl + Alt + Delete 组合键后，输入正确的密码即可进入系统，如图 2-15 所示。

到此为止，　Windows Server 2012 R2 安装结束。系统正常启动后，会自动打开服务器管理器，可以进行服务器的管理和配置工作，如图 2-16 所示。

图 2-15　登录界面

图 2-16　进入系统

2.4 实 践 训 练

2.4.1 任务 1：通过安装方式安装 Windows Server 2012

任务目标：熟练掌握从 Windows Server 2012 安装光盘启动计算机，并完成 Windows Server 2012 操作系统的全新安装。

包含知识：Windows Server 2012 图形模式与核心模式、Windows 分区、格式化磁盘分区、管理员强密码等。

实施过程：参考 2.3 节全新安装详细步骤。

常见问题解析：用户设置完管理员密码时，一定要将其记住，以方便日后用管理员的身份登录系统。

2.4.2 任务 2：修改计算机名、工作组名(或域名)

在【服务器管理器】窗口，修改计算机名、工作组名(或域名)信息等操作。

任务日标：学习安装系统的过程中必须提供的参数设置，以及一般情况下的其他信息的正确设置。

包含知识：【服务器管理器】功能的应用。

实施过程：在【服务器管理器】窗口中，单击窗口左侧的【本地服务器】选项，如图 2-17 所示，在窗口右侧可以修改计算机名、工作组等信息。

图 2-17 【服务器管理器】窗口

常见问题解析：给计算机命名时应注意什么？

- 在同一工作组或域中，计算机名必须唯一。
- 建议在计算机名中只使用 Internet 标准的字符。这些标准字符包括数字 0～9、A～Z 的大写字母和小写字母以及连字符 "_"。

2.4.3　任务 3：系统帮助文档的使用

任务目标：利用【服务器管理器】窗口中【帮助】菜单功能学会查找帮助信息。让学生除了在课堂有限的时间内掌握知识外，还能够利用 Windows Server 2012 环境中人性化的帮助界面学到更丰富的知识。

包含知识：【帮助】菜单功能的应用。

实施过程：在【服务器管理器】窗口中，用鼠标选中窗口右上角的【帮助】菜单。

常见问题解析：Windows Server 2012 的系统帮助文档是管理员的好助手。若日常系统管理中遇到疑难之处，即可查阅帮助文档。

2.5　习　　题

1. Windows Server 2012 操作系统有哪些家族成员？
2. 请列出 Windows Server 2012 操作系统的新特性。

第 3 章　Windows Server 2012 基本配置

学习提示

Windows Server 2012 的环境配置，主要是指各种硬件驱动程序、显示属性、控制面板等参数的配置，是 Windows Server 2012 最基本的应用和操作。

学习目标

熟悉 Windows Server 2012 的基本配置；学会安装升级各种硬件驱动程序；学会通过控制面板来设置 Windows 系统下的各种参数配置。

3.1　Windows Server 2012 硬件设备的安装与配置

3.1.1　配置驱动程序

计算机上所有的硬件必须安装驱动程序才可以正常工作，Windows Server 2012 系统同样如此。只不过 Windows Server 2012 系统自带了更多的驱动程序，如 DVD/CD-ROM 驱动器、软盘驱动器、硬盘驱动器、网卡、部分声卡、部分显卡(显示卡)等。设备管理器可以用来查看和管理计算机上安装的硬件设备的驱动程序。

可以通过两种不同的方法打开【设备管理器】对话框。

方法一：右击【这台电脑】图标，在弹出的快捷菜单中选择【属性】命令，弹出【系统】对话框，如图 3-1 所示，单击左侧任务列表中的【设备管理器】选项即可打开【设备管理器】对话框，如图 3-2 所示。

图 3-1　【系统】对话框

图 3-2　【设备管理器】对话框

方法二：单击【开始】打开控制面板，单击【硬件】，从中找到【设备管理器】，单击打开即可。

在设备管理器中，可以看到所有的硬件设备。设备列表前面有黄色叹号的设备表示其驱动程序安装不正常。对于处于这种状态的设备，可以在该设备上单击鼠标右键，如图 3-3 所示，在弹出的快捷菜单中选择【更新驱动程序软件】命令，然后按照如图 3-4 所示的向导一步步地重新安装驱动程序。

图 3-3　为选中设备更新驱动

图 3-4　设备更新驱动向导

按向导执行完毕后，驱动程序安装正常的话，黄色叹号标记就不再存在，设备即可正常使用。在设备管理器里还可以对某个硬件设置禁(停)用或者启用。

3.1.2　配置显示设置

Windows Server 2012 不仅在服务功能上有显著改进，在用户界面上也表现得更加友好和智能化。用户可以方便地对桌面风格进行自定义。

(1) 选择【开始】|【控制面板】|【外观】|【显示】命令，打开【显示】对话框(见图 3-5)，在窗口中可对文字大小、屏幕分辨率、桌面背景、窗口颜色、屏幕保护程序等进行设置。

图 3-5　【显示】对话框

(2) 单击【调整分辨率】或者【更改显示器设置】打开【屏幕分辨率】设置窗口,在这个窗口中可以改变显示器外观,包括屏幕分辨率、屏幕方向等。此外当主机外接多个显示设备时,还可以通过窗口中【显示器】选项对每个显示设备的分辨率分别进行设置。在外接多个显示设备的情况下本窗口还会出现【多显示器】选项,用户可以利用这个选项设置"复制这些显示""扩展这些显示"以及仅在某个设备上显示等多种显示效果。"调整屏幕分辨率"功能还可以在桌面空白区域用鼠标右击,在弹出的快捷菜单中选择【屏幕分辨率】命令,打开【屏幕分辨率】设置窗口进行设置。在显示器尺寸相同的情况下,分辨率越大显示字体越小;反之字体越大,但清晰度随分辨率增大而增强。新的宽屏显示器设置分辨率的时候须注意,设置分辨率的比例要和显示器尺寸相匹配。

(3) 单击【更改窗口颜色】选项,在弹出的【颜色和外观】对话框(见图 3-6)中可以设置屏幕的配色方案。

(4) 单击【更改屏幕保护程序】选项,在弹出的【屏幕保护程序设置】对话框(见图 3-7)中可以为桌面设定一个屏幕保护,超过一定时间不动鼠标键盘的话将自动运行屏幕保护程序,让屏幕呈现某种动画效果,以防止屏幕某处总是一种颜色和亮度,起到保护显示器的作用。如果勾选【在恢复时显示登录屏幕】复选框,当结束屏幕保护程序再次进入桌面时,会出现登录对话框,必须重新登录才能进入系统,这样可以有效地防止系统被非法访问。

图 3-6 【颜色和外观】对话框

图 3-7 【屏幕保护程序设置】对话框

注意:桌面上通常要具有【我的文档】、【网上邻居】、【我的电脑】、Internet Explorer、【回收站】等常用快捷图标,以方便使用。如果系统安装完毕第一次启动时,桌面上没有上述常用快捷图标,可以在【控制面板】的搜索框中搜索"桌面图标",找到【显示】|【显示或隐藏桌面上的通用图标】,将所需要的图标单选按钮选中即可设置完成。

3.1.3　控制面板

控制面板提供了一组特殊用途的管理工具，使用这些工具可以配置 Windows、应用程序和服务环境。控制面板中包含可用于常见任务的默认项(例如【显示】和【设备管理器】)，也可以在控制面板中插入用户安装的应用程序和服务的图标。

控制面板中包括两种视图："分类视图"和"经典视图"。

● "分类视图"中可根据用户要执行的任务显示控制面板图标。

● "经典视图"则以先前 Windows 版本的用户熟悉的视图显示控制面板图标。

在控制面板窗口中单击【查看方式】选择【类别】可以切换到"分类视图"模式；在控制面板窗口中单击【查看方式】选择【大图标】或【小图标】可以切换到"经典视图"模式。

Windows Server 2012 中的大多数控制工具都在控制面板中，打开控制面板有两种不同的操作方法。

方法一：单击【开始】，单击【控制面板】图标，即可打开如图 3-8 所示的控制面板窗口。

方法二：右击【开始】并且在弹出的快捷菜单中也可以找到【控制面板】命令。

图 3-8　控制面板窗口

在控制面板窗口中，可以对计算机系统的各种软硬件环境进行配置和管理。其中的【管理工具】可以对计算机进行管理。

(1) 单击【管理工具】选择并打开【计算机管理】对话框(见图 3-9)，可以进行三方面的管理配置工作：系统工具管理、存储管理、服务和应用程序管理，具体功能如下。

● 查看系统、安全、应用程序等事件日志。

● 进行本地用户或组的添加、删除、修改等(注意：作为域控制器，本地用户和组不能设置，一般在域模式下，为了安全起见不要启用本地用户)。

● 从这里进入到设备管理器。

- 对磁盘进行查看和管理。
- 对各种网络服务进行管理。

(2) 在【管理工具】对话框中双击【任务计划程序】选项，可以打开【任务计划】界面，双击【添加任务计划】，会弹出一个添加【任务计划程序】对话框，如图 3-10 所示，按向导进行操作，即可添加一个任务计划，到了计划时间时，任务将自动执行。

图 3-9　【计算机管理】对话框　　　　　图 3-10　【任务计划程序】对话框

3.2　设置系统属性与环境变量

3.2.1　系统属性

【系统】窗口可以查看计算机的一些基本信息，如：操作系统版本、注册信息、计算机名称、CPU 和内存大小。在【这台电脑】上单击鼠标右键，在弹出的快捷菜单中选择【属性】命令，会弹出【系统】窗口，如图 3-11 所示，也可以使用【开始】|【控制面板】|【系统和安全】|【系统】命令打开该窗口。在【系统】窗口左侧有【设备管理器】、【远程设置】和【高级系统设置】三个选项。

其中：

(1) 单击【设备管理器】可以打开【设备管理器】对话框，用于查看计算机上的硬件信息。

(2) 单击【远程设置】和【高级系统设置】都会打开【系统属性】对话框，如图 3-12 所示。【计算机名】选项卡可以更改计算机的名称和所属工作组或域；【硬件】选项卡可以对计算机的各种硬件进行配置、管理和控制。【高级】选项卡可以对计算机性能、用户配置文件、启动和故障恢复等进行设置。【远程】选项卡可以设置计算机能否远程协助和是否可以通过远程桌面连接管理。

图 3-11　【系统】窗口

图 3-12　【系统属性】对话框

3.2.2　配置环境变量

环境变量是一个包含环境相关信息的字符串，定义了操作系统和使用操作系统用户的诸如路径及文件名称等信息，并由它们控制着各种程序的行为。例如，TEMP 环境变量就指定了程序放置临时文件的位置。

环境变量有两个类别，即系统环境变量和用户环境变量。任何用户都可以添加、修改或删除用户环境变量。但是，只有系统管理员才能添加、修改或删除系统环境变量。

【环境变量】对话框如图 3-13 所示，分别单击【新建】按钮即可创建用户环境变量或者系统环境变量。对特定计算机的每个用户来说，不同用户环境变量是不同的。该变量包括由用户设置的所有内容，以及由程序定义的所有变量(如指向程序文件位置的路径)。系统环境变量是指管理员可以更改或添加应用到系统(从而应用到系统中的所有用户)的环境变量。在安装过程中，Windows 安装程序会配置默认的系统变量，例如处理器数目和临时目录的位置等。

图 3-13　【环境变量】对话框

3.3 添加或删除 Windows 组件

使用【程序和功能】命令可以帮助用户管理计算机上的程序，使用此命令，可以添加新的程序或更改、删除现有的程序，还可以使用【程序和功能】命令添加用户在最初安装时未安装的 Windows Server 2012 组件(例如【打印和文件服务】)。

如果要安装 Windows Server 2012 组件，须以 Administrator 或 Administrators 组成员的身份登录计算机。

具体操作步骤如下。

(1) 选择【控制面板】|【程序】，如图 3-14 所示，在【程序】窗口中单击【启用或关闭 Windows 功能】按钮，打开【服务器管理器】窗口，并弹出【添加角色和功能向导】窗口，如图 3-15 所示。

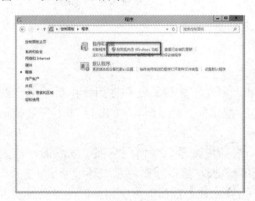

图 3-14 【程序】窗口   图 3-15 【添加角色和功能向导】窗口

(2) 在【开始之前】界面单击【下一步】按钮，进入【选择安装类型】界面，选中【基于角色或基于功能的安装】单选按钮，如图 3-16 所示。

(3) 单击【下一步】按钮，进入【选择目标服务器】界面，选中【从服务器池中选择服务器】单选按钮并在服务器池列表中选中要操作的服务器，如图 3-17 所示。

图 3-16 【选择安装类型】界面   图 3-17 【选择目标服务器】界面

(4) 单击【下一步】按钮，进入【选择服务器角色】界面，右侧角色列表中会列出一些角色(此列表中显示的 Windows 服务器角色可能会因所运行的 Windows Server 2012 的版本而异)，如果需要安装某个服务器角色，只需要单击其左侧的复选框，使其出现"√"即可；如果需要卸载某个服务器角色，则只需要单击其左侧复选框将"√"即可去掉即可；如无需要安装或卸载的角色可以直接单击【下一步】按钮跳过该步骤，如图 3-18 所示。

(5) 单击【下一步】按钮进入【选择功能】界面，选择要安装的功能或者取消要卸载的功能，比如要安装"Telnet 客户端"，只需要单击【Telnet 客户端】左侧的复选框，使其出现"√"即可，如图 3-19 所示。

图 3-18 【选择服务器角色】界面

图 3-19 【选择功能】界面

(6) 单击【下一步】按钮进入【确认安装所选内容】界面，单击【安装】按钮即可执行安装过程，如图 3-20 所示。

图 3-20 【安装进度】界面

注意：带灰色方块的复选框表示仅安装了该组件的一部分功能。

要查看组件中的内容，请单击该组件左侧折叠按钮将其展开，单击要添加的子组件旁边的复选框，将其选中即可。

3.4　配置 Internet 选项

要配置 Internet 选项，可以通过两种方式进入，一种方式是通过打开 Internet Explorer 浏览器窗口，单击右侧齿轮状【设置】按钮，选择【Internet 选项】命令，或者在 Internet Explorer 浏览器窗口为活动窗口时，按 F10 键或 Alt 键显示菜单项，选择【工具】|【Internet 选项】命令；另一种方式是选择【开始】|【控制面板】|【Internet 选项】命令，也可以打开该窗口。

(1)　【Internet 选项】对话框的【常规】选项卡中可以设置默认主页地址、启动时界面样式和网页在选项卡中的显示方式等内容，如图 3-21 所示。其中【浏览历史记录】选项组是指 Internet Explorer 浏览器曾经访问过的网站的记录，在这里可以设置网页保存在历史记录中的天数，也可以把历史记录清除；在该选项组中还可以对 "Internet 临时文件" 进行设置，临时文件即 Internet Explorer 浏览器浏览网页时临时存储在硬盘上的一些文件，这样是为了加快下一次再访问同一站点时的速度。通过【外观】选项组还可以设置浏览网页时的【颜色】、【字体】、【语言】等，但一般很少在这里设置，非特殊情况，一般使用默认设置即可。

(2)　在【Internet 选项】对话框中的【安全】选项卡中，可以设置 IE 浏览器分别访问 Internet、本地 Intranet、受信任的站点和受限制的站点时的安全设置，主要是 IE 浏览器打开一些插件时是直接启用还是禁用或者提示是否启用等，如图 3-22 所示。

图 3-21　【常规】选项卡　　　　　　　图 3-22　【安全】选项卡

(3)　如图 3-23 所示，【Internet 选项】对话框中的【隐私】选项卡，主要是对 Cookie 的设置。所谓 Cookie，是指某些网站为了辨别用户身份、进行 session(会话)跟踪而储存在用户本地终端上的数据(通常经过加密)，服务器可以利用 Cookie 包含信息的任意性来筛选并经常性维护这些信息，以判断在 HTTP 传输中的状态。Cookie 最典型的应用是判定注册用户是否已经登录网站，用户可能会得到提示，是否在下一次进入此网站时保留用户信息以便简化登录手续。另一个重要应用场合是 "购物车" 之类的处理。如用户可能会在一段时间内在同一家网站的不同页面中选择不同的商品，这些信息都会写入 Cookie，以便在最后付款时提取信息。在这里可以根据具体情况对隐私策略进行设置，还可以在这个页面里设置弹出窗口阻止程序。

图 3-23　【隐私】选项卡

(4)　【Internet 选项】对话框中还有【内容】、【连接】、【程序】、【高级】选项卡，单击进入后的设置方法和前述类似，在此就不再一一赘述。

3.5　管理控制台 MMC

3.5.1　MMC 基础

微软管理控制台(Microsoft Management Console，MMC)是一个框架，它通过提供在不同工具间通用的导航栏、菜单、工具栏和工作流，来统一和简化 Windows 中的日常系统管理任务。使用 MMC 工具(称为管理单元)可以管理网络、计算机、服务、应用程序和其他系统组件。MMC 本身不执行管理功能，但承载了能够执行管理功能的各种 Windows 管理单元和非 Microsoft 管理单元。

MMC 控制台的界面由两个窗格组成，左边是控制台的目录树，在此显示控制台目前可用的项目；右边的窗格是详细资料窗格，当在目录树中选择某选项时，此窗格将显示相应的详细信息，而改变左边的选项，右边的详细资料将发生相应的改变。选择【开始】|【运行】命令，或者使用 Win+R 组合键打开【运行】对话框，在【打开】文本框中输入 mmc 命令，如图 3-24 所示，即可打开 MMC 控制台窗口。

图 3-24　【运行】对话框

3.5.2 使用 MMC 控制台

打开控制台后，可以通过【文件】菜单中的【添加/删除管理单元】命令为控制台增加管理内容。

具体操作步骤如下。

(1) 如图 3-25 所示，单击【控制台】窗口中的【文件】菜单，选择【添加/删除管理单元】命令。

图 3-25　选择【添加/删除管理单元】命令

(2) 打开如图 3-26 所示的对话框，在窗口中可以根据需要添加/删除相应的管理单元，例如添加"磁盘管理"，在可用管理单元列表中选择【磁盘管理】选项，单击【添加】按钮后，弹出如图 3-27 所示的对话框，选择该管理单元要管理哪台计算机，单击【完成】按钮。

图 3-26　【添加或删除管理单元】对话框　　　　图 3-27　选择计算机

(3) 管理控制台设置完成后可以保存下来以备下次直接管理相应单元，方法是在【文件】菜单中选择【保存】或【另存为】命令，选择适当路径，并为其命名。

3.6　配置网络连接

3.6.1　检测 TCP/IP 是否安装与设置正常

从【开始】打开【运行】对话框,输入并执行 cmd 命令,然后在命令提示符下输入 ipconfig/all 命令可获得有关主机的所有配置信息,如图 3-28 所示,列出了全部的 TCP/IP 配置信息,包括主机名、IP 地址、DNS、MAC 地址等。

图 3-28　运行 ipconfig/all 命令后的结果

通常可以使用 ping 命令来测试连接正常与否,该命令采用向目的计算机的 IP 地址(或主机名)发送 ICMP 回应请求包的方式达到测试连接的目的。提供的目的计算机角色不同,获得的测试结果也不同。可以按以下方式进行测试,运行结果如图 3-29 所示。

```
C:\WINDOWS\system32\cmd.exe

C:\Documents and Settings\Administrator>ping www.sina.com

Pinging dorado.sina.com.cn [60.215.128.136] with 32 bytes of data:

Reply from 60.215.128.136: bytes=32 time=69ms TTL=53
Reply from 60.215.128.136: bytes=32 time=70ms TTL=53
Reply from 60.215.128.136: bytes=32 time=70ms TTL=53
Reply from 60.215.128.136: bytes=32 time=215ms TTL=53

Ping statistics for 60.215.128.136:
    Packets: Sent = 4, Received = 4, Lost = 0 (0% loss),
Approximate round trip times in milli-seconds:
    Minimum = 69ms, Maximum = 215ms, Average = 106ms

C:\Documents and Settings\Administrator>
```

图 3-29　运行 ping 命令后的结果

其中:

- ping 环回地址 127.0.0.1,验证是否在本地计算机上安装 TCP/IP 以及配置是否正确。执行命令 ping 127.0.0.1,如果不成功,应安装和配置 TCP/IP 协议之后重新启动计算机。

● ping 本地其他计算机的 IP 地址，验证是否将当前计算机正确地添加到网络。

● ping 默认网关，验证默认网关是否运行以及能否与本地网络上的本地主机通信。

● ping 远程主机，验证能否通过路由器进行通信。如果有问题，可检查路由器配置。

如果没有安装 TCP/IP 协议，可以通过下列方式来安装。

具体操作步骤如下。

(1) 在【网络】图标上右击；在弹出的快捷菜单中选择【属性】命令，打开【网络和共享中心】窗口，也可以在控制面板中打开【网络和共享中心】窗口；单击窗口左侧【更改适配器设置】选项打开【网络连接】窗口，右击网络适配器图标，在弹出的快捷菜单中选择【属性】命令打开【Ethernet 0 属性】对话框，勾选【Internet 协议版本 4(TCP/IPv4)】复选框后单击【属性】按钮，如图 3-30 所示。

(2) 在【Internet 协议版本 4 (TCP/IPv4) 属性】对话框中，手动指定 IP 地址和 DNS 服务器地址即可，如图 3-31 所示。

图 3-30　【Ethernet 0 属性】对话框

图 3-31　设置 TCP/IP 参数

3.6.2　连接因特网

主机接入 Internet 的方式可以有多种，如单机拨号、ISDN、xDSL、通过局域网连接等。具体在操作系统中需要做的配置如下。

(1) 拨号方式接入需要建立拨号连接：在【控制面板】窗口中单击【网络和 Internet】链接，然后单击【网络和共享中心】命令，在打开的窗口中单击【设置新的连接或网络】图标，打开【设置连接或网络】对话框，如图 3-32 所示。

图 3-32 拨号方式接入

(2) 选中【连接到 Internet】后单击【下一步】按钮，打开【连接到 Internet】界面，如图 3-33 所示。

(3) 单击【宽带(PPPoE)】选项，如图 3-34 所示，输入 ISP 提供商提供的用户名、密码等相关信息，完成设置后单击【连接】按钮即可连接到 Internet。

图 3-33 【连接到 Internet】界面　　　　图 3-34 设置用户相关信息

如果通过局域网接入 Internet，只需要将计算机通过网线连接到局域网，并在主机上设置好 IP 地址、子网掩码、默认网关、DNS 等 TCP/IP 参数即可使用。

3.6.3 激活 Windows Server 2012

目前由于盗版或其他非法使用形式，用户无法始终确保他们使用的是正版的 Windows Server 2012 操作系统。产品激活的目的就是减少随意复制或盗版软件。随意复制是不符合软件最终用户许可协议(或 EULA)的软件共享和安装。据估计，随意复制已占盗版安装的一半。Microsoft 开发了 Windows Server 2012 操作系统的"产品激活"程序，以帮助用户确保每个 Windows Server 2012 操作系统许可证都是按照 EULA 的规定安装的，而且安装的计算机台数未超过该产品 EULA 所限定的数目(通常为 1 台)。但要注意的是，Windows Server 2012 操作系统的批量授权版本不需要激活。要了解有关 Microsoft 授权策略的详细信息，请打开 EULA(最终用户许可协议)。查看 EULA，要在命令对话框中输入 eula.txt。

在软件安装过程中，安装向导会提示用户输入产品密钥，该密钥通常位于 Windows Server 2012 操作系统光盘包装的背面。产品密钥由 25 个字符(字母或数字)代码组成，代码分为 5 组，每组 5 个字符(例如，BCDEF-12345-IJKLM-67890-OPQRS)。将产品密钥放在安全位置，不要与他人共享产品密钥。该产品密钥是安装和使用 Windows 的基础。

产品密钥还是产品 ID 的基础，产品 ID 是在安装 Windows Server 2012 家族的成员时创建的。每个已授权的 Windows Server 2012 操作系统副本都有唯一的产品 ID。该产品 ID 有 20 个字符，其排列方式为：XXXXX-XXX-XXXXXXX-XXXXX。它列在【我的电脑】的【系统属性】对话框中。

产品激活是完全匿名的。为了确保用户的隐私安全，硬件标识通过众所周知的"单向哈希"方法创建。要生成单向哈希，信息将通过某种算法来处理以创建新的字母数字字符串。

硬件标识将用于和产品 ID 一起来创建唯一的安装 ID。不管是通过 Internet 连接还是通过与 Microsoft 客户服务代表的口头交流选择了激活，该安装 ID 都是激活 Windows Server 2012 操作系统所要求的唯一信息。

如果通过 Internet 连接激活，则安装 ID 将自动被发送。当决定在 Internet 上激活时，Windows 产品激活向导将尝试通过 Internet 建立到 Microsoft 的联机连接。如果没有预订 Internet 服务提供商，但有连接到电话线的调制解调器，则向导将检测调制解调器并尝试直接连接到 Microsoft。

如果无法建立联机连接，则系统将提示用户通过电话联系客户服务代表。将在此信息中显示安装 ID。客户服务代表将询问用户是否通过电话读取安装 ID。或者自动电话应答系统将引导用户完成激活过程。

安装 ID 将产品 ID 的关联记录到计算机，然后发回确认信息。产品密钥现在可以被用来在该计算机上安装 Windows，次数不限。但是，如果需要使用该产品密钥在不同的计算机上安装 Windows，则可能需要通过电话与 Microsoft 客户服务代表联系。

除非激活了 Windows Server 2012 操作系统副本，否则始终会在其桌面状态栏的通知区域中显示"激活"图标，可以单击该图标启动激活。用户激活 Windows Server 2012 家族的成员之后，此图标将不会出现在通知区域。检查应用程序事件日志以验证是否已经激活。

在 EULA 中通常指定有宽限天数，用户需要在该时间段内激活 Windows Server 2012 操作系统产品的安装。如果宽限期已经过期而用户没有完成激活，将无法完成登录过程，终端服务器会话也不可用，需要管理员凭据才能重新激活。请注意，评估版本光盘和升级版本没有给予额外宽限期，可以在安全模式下登录以访问任何可用的数据。

3.7 实 践 训 练

任务：创建自己的管理控制台 MMC

任务目标：利用管理控制台(MMC)工具，定制自己的管理台，管理磁盘、服务、安全配置与分析等，并保存成 My-MMC.msc 文件。

包含知识：管理控制台的基本应用，磁盘的基本知识，服务的知识，系统安全的有关

高职高专计算机实用规划教材——案例驱动与项目实践

知识等。

实施过程：选择【开始】|【运行】命令，在【运行】对话框中输入 mmc，单击【确定】按钮后打开管理控制台，在【文件】菜单中选择【添加/删除管理单元】命令，打开【添加或删除管理单元】对话框，从中可以添加磁盘管理、服务、IP 安全监视器、安全配置和分析等，如图 3-35 所示。

图 3-35　【添加或删除管理单元】对话框

设置完毕，可以保存成一个 .msc 后缀的文件，供以后直接打开使用。

常见问题解析：控制台的模式设置可以设成"作者模式""用户模式—完全访问""用户模式—受限访问(单窗口)"和"用户模式—受限访问(多窗口)"，这些模式中"作者模式"权限最大。其他各模式的具体说明在选择的时候有相应提示，须仔细看清楚。

3.8　习　　题

1. 安装一个显卡的驱动程序，更新网卡的驱动程序。

2. 配置显示器分辨率为 1024×768，配色方案为高对比度黑色，显示方向为横向翻转，并查看显卡型号及显存大小。

3. 创建一个 ADSL 拨号连接，ADSL 账号为 60214471@adsl，密码为 biem.cn。

4. 使用管理控制台进行磁盘管理。

第4章　本地用户和组

学习提示

在计算机网络中，计算机的服务对象是用户，用户通过账户访问计算机资源。用户的账户类型包括域账户、本地账户和内置账户。本地账户只允许在本地计算机上登录，由创建本地账户的本地机验证。组是本地计算机或 Active Directory 中的对象，包括用户、联系人、计算机和其他组。

学习目标

通过本章的学习，要求用户掌握如何创建和管理用户账户，以及如何创建和管理组账户。理解本章的重点与难点，并熟练掌握用户管理的基本方法。

4.1　本地用户管理

账户是 Windows Server 2012 网络中的一个重要组成部分。每一个用户都需要一个账户，以便登录到网络访问网络资源或登录到某台计算机访问该计算机上的资源，从某种意义上来说账户就是计算机网络世界中用户的身份证。Windows Server 2012 通过创建账户(包括用户账户和组账户)来管理用户，并通过赋予账户合适的权限来控制用户对资源的访问，降低管理难度。

用户账户由一个账户名和一个密码来标识，而用户账户的命名规则十分重要。一个有效的用户名是指符合 Windows Server 2012 用户命名规则，但用户也可以建立自己的命名约定。

Windows Server 2012 的用户命名规则包括如下内容。

(1) 用户名必须唯一，且不区分大小写。

(2) 用户名最多可以包含 20 个大小写字符和数字，输入时可超过 20 个字符，但只识别前 20 个字符。

(3) 用户名不能使用系统保留字符：* " " / \ [ ] : ; <> ? + = , |。

(4) 用户名不能只由句点和空格组成。

为了维护计算机的安全，每个账户必须设定密码，Windows Server 2012 网络中对用户的密码有如下要求。

(1) 不包含全部或部分的用户账户名。

(2) 密码长度在 8 到 128 个字符之间。

(3) 尽量避免带有明显意义的字符或数字的组合，采用大小写和数字的无意义混合。

(4) 密码可以使用大小写字母(A~Z，a~z)、数字(0~9)和其他合法的字符(如#、!、$、%)。

(5) 必须为 Administrator 账户分配密码，防止未经授权就使用。

(6) 明确管理员还是用户管理密码，最好由用户管理自己的密码。

(7) 强制密码历史。

Windows Server 2012 服务器有两种工作模式：工作组模式和域模式。针对这两种工作模式有两种用户账户：域用户账户和本地用户账户。

1. 域用户账户

域用户账户也称网络账户，应用于域模式的网络中，是用户访问域的唯一凭证。域账户的账户名和密码存储在域控制器上的 Active Directory 数据库中，由域控制器集中管理。用户可以利用域用户账户和密码登录域，访问域中资源，例如，访问域中其他计算机内的文件、打印机等资源。

当用户使用域用户账户登录域时，这个账户的信息会被送到域控制器，并由域控制器验证所输入的账户名和密码是否正确。

当在某台域控制器创建域用户账户后，这个账户会被自动复制到同一域内的其他所有域控制器中。因此，当用户登录时，该域内的所有域控制器都可以验证用户所输入的账户名和密码是否正确。

2. 本地用户账户

本地用户账户应用于对等网的工作组模式，只能建立在非域控制器的 Windows Server 2012 独立服务器、成员服务器以及其他 Windows 客户端，而不能建立在域控制器的 Active Directory 数据库内。本地用户账户的作用范围仅限于创建该账户的计算机上，即只能在本地计算机上登录、访问本机内的资源，无法访问域中的其他计算机资源。如果要访问其他计算机内的资源，则必须输入该计算机内的账户名和密码。

当用户使用本地用户账户登录时，由这台计算机利用其中的"本地安全账户数据库"验证账户名和密码。

本地用户账户只能存在于本地计算机内，它们既不会被复制到域控制器的活动目录内，也不会被复制到其他计算机的"本地安全账户数据库"中。

本地计算机上都有一个管理账户数据的数据库，称为安全账户管理器(Security Accounts Managers，SAM)。SAM 数据库文件保存在系统盘下的\windows\system32\config\目录中。在 SAM 中，每个账户被赋予唯一的安全识别符(Security Identifier，SID)，该 SID 将是独一无二的，SID 为一个账号的属性，不随账号的修改、更名而改动。用户要访问本地计算机，都需要经过该机 SAM 中的 SID 验证。本地的验证过程都由创建本地账户的本地机完成，没有集中的网络管理。

4.1.1　内置用户账户

内置用户账户是 Windows Server 2012 自带的账户，它与服务器的工作模式无关。在安装 Windows Server 2012 时，不论是独立服务器或是成员服务器，还是域控制器，系统都会自动建立内置账户，并赋予相应的权限，系统利用这些账户来完成某些特定的工作。Windows Server 2012 中常见的内置用户账户包括 Administrator 和 Guest 账户。这些内置用户账户不允许被删除，Administrator 账户不允许被屏蔽，但内置账户允许更名。

1. Administrator(系统管理员)账户

Administrator 拥有最高的权限，管理着 Windows Server 2012 系统和域，可以从事创建其他用户账户、创建组、实施安全策略、管理打印机以及分配用户对资源的访问权限。系统管理员的默认名字是 Administrator。用户可以更改系统管理员的名字，但不能删除该账户。同时该账户无法被禁止，永远不会到期，不受登录时间和只能使用指定计算机登录的限制。

注意：由于 Administrator 账户的特殊性，因此容易被黑客及不怀好意的用户利用，成为攻击的首选对象。出于安全性的考虑，建议将该账户更名，以降低该账户的安全风险。

2. Guest(来宾)账户

Guest 是为临时访问计算机的用户提供的，该账户自动生成，且不能被删除，可以更改名字。Guest 只有很少的权限，在默认情况下，该账户被禁止使用。

注意：出于安全考虑，Guest 账户在 Windows Server 2012 安装好之后是被屏蔽的，如果需要可以手动启用。注意分配给该账户的权限，该账户也是黑客攻击的主要对象。

在内置的账户中，只有 Administrator 才具有添加、更改、删除等管理账户的权限。因此，用户在练习时先利用 Administrator 账户登录。

4.1.2　创建本地用户账户

在 Windows Server 2012 中，登录是访问资源的先决步骤，这就需要为登录的用户创建账户。用户账户由一个账户名和一个密码标识，二者都需要用户在登录时输入。本地用户账户可以创建在任何一台除了域的域控制器以外的基于 Windows Server 2012 独立服务器或成员服务器、其他 Windows 等计算机的"本地安全账户数据库"内。

出于安全的考虑，通常建议只在不是域组成部分的计算机上创建和使用本地用户账户，即在属于域的计算机上不要设置本地账户，应该为这些用户在域控制器上创建域用户账户，要求用户利用这些域账户登录。尽量不要让域用户利用本地用户账户登录，因为无法在域内任何一台计算机上给其他计算机的本地用户账户设置权限，致使这些账户将无法访问其他计算机内的资源。工作组模式是使用本地用户账户的最佳场所。必须拥有系统管理员权限才能在本地创建用户。

具体操作步骤如下。

(1) 以 Administrator 身份登录到服务器。

(2) 右击【这台电脑】，在快捷菜单中选择【管理】命令，打开【服务器管理器】窗口，在【服务器管理器】主窗口中，选择【工具】|【计算机管理】命令；或从【开始】菜单，选择【计算机管理】命令，都可以打开【计算机管理】窗口，右击【用户】，选择【新用户】命令，如图 4-1 所示。

(3) 弹出【新用户】对话框，如图 4-2 所示，在【用户名】文本框中输入规划好的用户账户名称，根据实际情况输入用户的全名和描述信息(全名和描述可以省略)。

图 4-1　【计算机管理】窗口

图 4-2　【新用户】对话框

下面介绍四个复选框的作用。

- 【用户下次登录时须更改密码】：用户首次登录时，使用管理员分配的密码。当用户再次登录时，系统会显示一个用来强制用户更改密码的对话框，用户更改后的密码只有自己知道，这样可保证安全使用。这个选项是默认选项。
- 【用户不能更改密码】：不让用户更改密码，只允许使用管理员分配的密码，用于 Guest 之类的账户和多个用户共享的账户。
- 【密码永不过期】：密码默认的有效期为 42 天，超过 42 天系统会提示用户更改密码，选中此项表示系统永远不会提示用户修改密码。
- 【账户已禁用】：选中此项表示任何人都无法使用这个账户登录，例如预先为新员工所创建的账户，但是该员工尚未报到，或者离职的员工账户，都可以利用此方法将该账户禁用。

注意：【用户下次登录时须更改密码】与【密码永不过期】两个复选框不能被同时选中。

4.1.3　管理用户账户

1. 禁用用户账户

当某个用户账户长期休假或离职时，就要禁用该用户的账户，不允许该账户登录，该账户信息会显示为 x。如果禁用账户，则以后只要再启用该账户即可恢复其相关用户的属性。

具体操作步骤如下。

(1) 在【计算机管理】窗口中，选择【本地用户和组】|【用户】命令，在列表中选择需要的账户，右击该账户，选择【属性】命令，如图 4-3 所示。

图 4-3　管理用户账户

(2) 弹出【test1 属性】对话框，选择【常规】选项卡，勾选【账户已禁用】复选框，单击【确定】按钮，该账户即被禁用，如图 4-4 所示。

(3) 如果要重新启用某账户，只要取消勾选【账户已禁用】复选框即可。

2. 删除用户账户

当某个用户离开公司，为防止其他用户使用该用户账户登录，就要删除该用户的账户，被删除的账户将永远无法恢复。

具体操作步骤如下。

在【计算机管理】窗口中，选择【本地用户和组】|【用户】命令，在列表中选择需要删除的账户，右击该账户，选择【删除】命令，如图 4-3 所示，在弹出的【本地用户和组】对话框中，单击【是】按钮，即可删除该账户，如图 4-5 所示。

图 4-4　禁用用户账户

图 4-5　删除用户

3. 更改用户账户名

账户创建之后，可以随时更改账户名，用户更名后，仍保持前一用户名的所有相关的用户属性。

具体操作步骤如下。

在【计算机管理】窗口中，选择【本地用户和组】｜【用户】命令，在列表中选择需要更名的账户，右击该账户，选择【重命名】命令，如图 4-3 所示，输入新名字。

4. 重设账户密码

出于安全的原因，要更改用户的密码可以分为以下两种情况。

(1) 如果用户在知道密码的情况下想更改密码，可以在登录后按 Ctrl+Alt+Del 组合键，输入正确的旧密码，然后输入新密码即可。

(2) 如果用户忘记了登录密码，其他用户不知道他的旧密码，但管理员可以改变他的密码，然后让他使用新密码登录。

具体操作步骤如下。

在【计算机管理】窗口中，选择【本地用户和组】｜【用户】命令，在列表中选择需要重设密码的账户，右击该账户，如图 4-3 所示，选择【设置密码】命令，弹出如图 4-6 所示的界面，单击【继续】按钮，打开设置密码界面，如图 4-7 所示，输入新密码，再次输入进行确认，单击【确定】按钮即可完成重设密码。

图 4-6　重设密码时的提示　　　　　　图 4-7　重设密码

参考图 4-4 所示，介绍用户属性对话框中的选项卡。

- 【常规】选项卡：包含设置新用户账户时指定的信息，包括输入的姓名与描述信息，选择的密码选项和账户是否禁用。
- 【隶属于】选项卡：负责管理用户在组中的成员关系，从这个选项卡可以将用户加进现有组中，或从组中删除这个用户。如图 4-8 所示，单击【添加】按钮可以弹出【选择组】对话框。

图 4-8　配置用户隶属组

- 【配置文件】选项卡：可以设置自定义用户环境的属性。
- 【拨入】选项卡：用于定义拨号属性，如远程访问权限与回叫选项，这些选项与远程访问服务器和虚拟专用网服务器一起用。

4.2　本地组管理

高职高专计算机实用规划教材——案例驱动与项目实践

组是 Windows Server 2012 网络管理中的重要部分，组将具有相同特点及属性的用户组合在一起，便于管理员进行主要的管理工作。例如，当要给一批用户分配同一个权限时，就可以将这些用户都归到一个组中，只要给这个组分配此权限，组内的用户就都会拥有此权限，从而大大地节省了工作量，简化了对访问网络中资源的管理。

组是指本地计算机或 Active Directory 中的对象，包括用户、联系人、计算机和其他组。在 Windows Server 2012 中，通过组来管理用户和计算机对共享资源的访问。如果赋予某个组访问某个资源的权限，这个组的用户都会自动拥有该权限。引入组的概念主要是为了方便管理访问权限相同的一系列用户账户。

Windows Server 2012 同样使用唯一安全标识符 SID 来跟踪组，权限的设置都是通过 SID 进行的，而不是利用组名。更改任何一个组的账户名，并没有更改该组的 SID，这意味着在删除组之后又重新创建该组，不能期望所有权限和特权都与以前相同。新的组将有一个新的安全标识符，旧组的所有权限和特权已经丢失。

在 Windows Server 2012 中，用组账户来表示组，用户只能通过用户账户登录计算机，不能通过组账户登录计算机。

与用户账户类似，也可以分别在本地和域中创建组账户。

本地组账户：在 Windows Server 2012/Windows Server 2003/Windows NT 独立服务器、成员服务器以及 Windows 客户端上创建。这些账户被存储在"本地安全账户数据库"内。本地组只能在本地计算机中使用。

域组账户：在 Windows Server 2012 域控制器上创建，被存储在 Active Directory 数据库内。可以在整个域目录林的所有计算机上使用这些组。

4.2.1　系统内置组

安装 Windows Server 2012 时系统会自动创建一些内置组，同时为这些组赋予了相应的权限。下面介绍一些主要的内置组及其相应的权限。

- Administrators 组：在系统内有最高权限，例如拥有赋予权限，添加系统组件，升级系统，配置系统参数(如注册表的修改)，配置安全信息等权限。内置的系统管理员账户是 Administrators 组的成员。如果这台计算机加入到域中，域管理员自动加入到该组。
- Backup Operators 组：它是所有 Windows Server 2012 都有的组，可以忽略文件系统权限进行备份和恢复，可以登录系统和关闭系统，可以备份加密文件。
- Guests 组：内置的 Guest 账户是该组的成员。该组成员一般被用于在域中或计算机中没有账户的用户临时访问域或计算机时使用。
- Power Users 组：存在于非域控制器上，可进行基本的系统管理，如共享本地文件夹、管理系统访问和打印机、管理本地普通用户；但是它不能修改 Administrators 组、Backup Operators 组，不能备份/恢复文件，不能修改注册表。
- Remote Desktop Users 组：该组的成员可以通过网络远程登录。
- Users 组：是一般用户所在的组，新建的用户都会自动加入该组，并对系统有基本的权力，如运行程序、使用网络。不能关闭 Windows Server 2012。不能创建共享目录和本地打印机。如果这台计算机加入到域，则域的域用户自动被加入到该组的 Users 组。
- Network Configuration Operators 组：该组内的用户有部分管理权限来管理网络功能的配置，可在客户端执行一般的网络配置。例如，更改 IP，但不能添加/删除程序，也不能执行网络服务器的配置工作。
- IIS-IUSRS：Internet 信息服务(IIS)使用的内置组。

除了以上所述的内置本地组和内置域组外，Windows Server 2012 还有几个内置的特殊组，这些组存在于每一台 Windows Server 2012 计算机内，不能被编辑、禁用或删除，也不能向其添加成员。但可以被赋予各种权限，但在【本地用户组】或【Active Directory 用户和计算机】中不可见。

- Everyone：包括所有访问该计算机的用户，如果 Guest 账户被启动，则为 Everyone 指定权限时一定要小心，Windows 会将没有有效账户的用户当成 Guest 账户，该账户自动得到 Everyone 的权限。
- Authenticated Users：包括在计算机上或活动目录中的所有通过身份验证的账户，用该组代替 Everyone 组可以防止匿名访问。

- Creator Owner：包括创建资源的账户。
- Network：任何从网络上的另一台计算机与该计算机上的共享资源保持联系的账户都属于这个组。
- Interactive：包括当前在该计算机上登录的所有账户。
- Anonymous Logon：包括 Windows Server 2012 不能验证身份的任何账户。
- Dialup：包括当前建立了拨号连接的任何账户。

4.2.2　创建和管理本地组账户

创建本地组的用户必须是 Administrators 组，创建步骤与创建用户账户相似。

具体操作步骤如下。

(1)　在【服务器管理器】主窗口中，选择【工具】|【计算机管理】命令，在弹出的【计算机管理】窗口中，右击【组】，选择【新建组】命令，如图 4-9 所示。

图 4-9　新建组

(2)　在弹出的【新建组】对话框中输入组名、组的描述，如图 4-10 所示，单击【添加】按钮，即可把已有的账户或组添加到该组中，该组的成员在【成员】列表框中列出。

图 4-10　【新建组】对话框

(3) 单击【创建】按钮，完成创建工作。本地组用背景为计算机的两个人头像表示，如图4-11所示。

图4-11 创建组完成

如果可能，应尽量向内置本地组中增加用户，而不是从头创建新组，这样能简化工作，因为内置组已经有相应权限，只要添加作为组成员的用户即可。

管理本地组操作较简单，在【计算机管理】窗口右部的组列表中，右击选定的组，选择快捷菜单中的相应命令可以删除组、更改组名，或者为组添加或删除组成员。具体操作说明如下。

- 选择【添加到组】命令，可以更改当前组的成员，增加或删除成员。
- 选择【删除】命令，可以删除当前组账户。
- 选择【重命名】命令，可以更改当前组账户的名称。
- 选择【属性】命令，可以修改组的【描述】，更改当前组的成员，以及增加或删除成员。

4.3 实 践 训 练

4.3.1 任务1：创建本地用户账户

任务目标：掌握如何创建本地用户账户。

包含知识：本地用户管理。

实施过程：参看本章相关知识点。

创建表4-1所示的用户账户。然后任选一用户测试登录过程。

常见问题解析：只有管理员组的成员才能创建用户。

(1) 只有管理员组的成员才能创建用户。

(2) 用户账户创建必须遵循账户命名规划和密码设置策略。

表 4-1　用户账户

用户名称	全　名	密　码	密码权限归属	用户类别
user1	user	one	(空)	管理员
user2	user	two	(空)	用户
user3	user	three	user3	用户
user4	user	four	user4	管理员

4.3.2　任务 2：创建和管理本地组

任务目标：掌握如何创建和管理本地组。

包含知识：本地组管理。

实施过程：

1. 创建本地组并添加和删除组的成员

(1)　创建本地组，并按表 4-2 所示向各组添加成员用户。

表 4-2　组和成员列表

组	成　员
group1	user1，user2
group2	user2，user3
testing	user1，user4

(2)　在本地组中添加和删除成员：在 testing 组中添加 user3、删除 user4。

2. 删除一个本地组 testing 组

常见问题解析：

(1)　只有管理员才能完成创建和管理本地组的任务。

(2)　组账户不能用于登录计算机操作系统。

4.4　习　　题

1. 选择题

(1)　在系统默认情况下，下列(　　　)Windows Server 2012 组成员可以创建本地用户账户。

　　A．Guests　　　　　　　　　　　　B．Backup Operators

　　C．Power Users　　　　　　　　　D．Users

(2)　Windows Server 2012 安装完毕，管理员为用户建立的账户，系统都自动放入(　　　)组中。

高职高专计算机实用规划教材——案例驱动与项目实践

　　　A.　Administrators　　　　　　　B.　Guests

　　　C.　Users　　　　　　　　　　　D.　Power Users

　　(3)　Windows Server 2012 安装完毕时，系统会自动设置两个内置账户，一个是负责管理工作的账户 Administrator；另一个是(　　　)账户。

　　　A.　Administrators　　　　　　　B.　Everyone

　　　C.　Guest　　　　　　　　　　　D.　Power Users

2. 思考题

　　(1)　Windows Server 2012 有哪些内置本地用户账户？各有什么特点？

　　(2)　用户账户的管理工作有哪些？

第 5 章 磁 盘 管 理

学习提示

磁盘管理重点介绍了 Windows Server 2012 管理磁盘分区和卷的主要技术，包括基本磁盘和动态磁盘各自的特点，磁盘分区和动态卷的创建方法，以及磁盘配额的设置方法。

学习目标

通过本章学习，了解磁盘的基本概念，基本磁盘和动态磁盘的区别；掌握基本磁盘的主磁盘分区和扩展磁盘设置；熟练掌握创建动态磁盘、创建动态磁盘卷的方法及磁盘配额的设置方法。

5.1　磁盘管理概述

磁盘在服务器中是一个非常重要的组件，在一些常见的服务器应用中，对磁盘系统的性能要求并不低于处理器。因此，服务器磁盘的配置和维护对整个服务器性能会产生很大的影响。

磁盘管理是管理计算机上的磁盘、卷以及它们所包含分区的一项重要技术。网络管理员可以通过 Windows Server 2012 中的磁盘管理工具完成磁盘分区、卷的管理、磁盘配额管理和磁盘的日常管理工作，以此来保证用户和应用程序有足够的空间保存和使用数据及文件，并且保证数据和文件的安全性和可用性。

Windows Server 2012 提供了两种磁盘管理方式：基本磁盘和动态磁盘，并且提供了专门的磁盘管理工具。可以通过打开【计算机管理】窗口使用该工具，如图 5-1 所示。网络管理员可以通过管理工具来对本地磁盘进行各种管理操作。

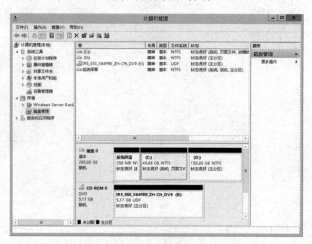

图 5-1　磁盘管理工具

1．基本磁盘

Windows Server 2012 默认的硬盘管理方式为基本磁盘方式，一般个人计算机上管理磁盘都采用这种方式。当用户安装了一块新磁盘，Windows Server 2012 就会把这块磁盘作为基本磁盘进行配置。

基本磁盘使用磁盘分区的方式来进行磁盘管理。硬盘在存储数据前，必须把它分成一或多个分区，这就是磁盘分区。分区是在硬盘上没有被分区的空间上创建自由空间，是将一个物理硬盘划分成可以被格式化和单独使用的逻辑单元。基本磁盘包括主磁盘分区和扩展磁盘分区两种类型。其中主磁盘分区数量不超过 4 个，扩展磁盘分区最多只能有 1 个。也就是我们最多只能创建 4 个主磁盘分区或者 3 个主磁盘分区加上 1 个扩展磁盘分区。另外，在扩展磁盘分区内，可以创建若干个逻辑驱动器。与每个磁盘最多创建 4 个主磁盘分区不同，每个磁盘上创建的逻辑驱动器数目不受限制，并且逻辑驱动器可以格式化和指派驱动器号。

基本磁盘功能较弱，适用于个人计算机或单硬盘的服务器。

2．动态磁盘

动态磁盘的最大优点是可以将磁盘容量扩展到非邻近的磁盘空间。动态磁盘不再使用分区或者逻辑驱动器划分，而是采用功能更强大的动态卷。所有动态磁盘上的卷都是动态卷。在动态磁盘上最多可以创建 2000 个动态卷，但是一般推荐使用 32 个或者更少的动态卷。

服务器主要采用动态磁盘的管理方式。

5.2　基本磁盘管理

Windows Server 2012 默认的硬盘管理方式为基本磁盘方式，管理基本磁盘就是如何创建和管理分区。分区就是把一个基本物理磁盘划分成若干部分。分区通常包括主磁盘分区和扩展磁盘分区。其中主磁盘分区不可再分，扩展磁盘分区还可以划分为若干逻辑驱动器。

磁盘分区前必须初始化整个磁盘。

5.2.1　分区的创建与管理

1．创建主分区

创建主磁盘分区是使用基本磁盘的基础。

具体操作步骤如下。

(1) 打开【服务器管理器】窗口，执行【工具】|【计算机管理】命令，在【计算机管理】窗口中，选中【磁盘管理】工具，如图 5-1 所示。在【磁盘管理】窗口中，右击磁盘未分配空间，在弹出的快捷菜单中选择【新建简单卷】命令，如图 5-2 所示。

图 5-2　新建主分区

（2）打开【新建简单卷向导】对话框，单击【下一步】按钮，出现如图 5-3 所示的【指定卷大小】界面，在【简单卷大小】输入框里输入分区大小。

（3）单击【下一步】按钮，出现如图 5-4 所示的【分配驱动器号和路径】界面，为新建立的分区指定一个字母作为"驱动器号"。

图 5-3　输入分区大小　　　　　　　　图 5-4　分配驱动器号和路径

（4）单击【下一步】按钮，出现如图 5-5 所示的【格式化分区】界面，选中【按下列设置格式化这个卷】单选按钮，然后在【文件系统】下拉列表框中选择 NTFS，【分配单元大小】采用【默认值】，可以修改【卷标】为【数据】。勾选【执行快速格式化】复选框。

（5）单击【下一步】按钮，出现如图 5-6 所示的【正在完成新建简单卷向导】界面，单击【完成】按钮，系统自动开始按照设置的参数创建新的分区。

2. 创建扩展分区和逻辑分区

Windows Server 2012 用安装盘分区或者是使用【磁盘管理】工具进行分区，都是首先创建 3 个主分区后，才能创建扩展分区和逻辑分区。

图 5-5　格式化分区

图 5-6　完成创建分区

创建扩展磁盘分区的方法与创建主磁盘分区类似。

具体操作步骤如下。

在【磁盘管理】窗口中，右击磁盘未分配空间，在弹出的快捷菜单中选择【新建简单卷】命令，按照创建新建卷向导操作，步骤与创建主分区一样，创建完成后，系统会分出一个扩展分区和一个逻辑驱动器，如图 5-7 所示。

图 5-7　创建扩展分区和逻辑分区

一块硬盘上只允许创建一个扩展分区，但可以在扩展分区上创建多个逻辑驱动器，创建逻辑驱动器的步骤与创建主分区一样，这里不再赘述。

5.2.2　基本磁盘的扩展

基本磁盘是一种包含主磁盘分区、扩展磁盘分区(或逻辑驱动器)的物理磁盘。基本磁盘上的分区(包括扩展分区)被格式化为 NTFS 时称为基本卷。可以为基本磁盘上现有的主分区和扩展分区扩大空间。方法是在同一磁盘上将原有的分区扩展到邻近的连续未分配的空间。注意要扩展基本卷，必须使用 NTFS 文件系统将其格式化。还可以在包含连续可用空间的扩展分区内扩展逻辑驱动器。如果要扩展的逻辑驱动器大小超过了扩展磁盘分区内的可用空间,只要有足够的连续未分配空间,扩展磁盘分区就会增大直到能够包含逻辑驱动器。

扩展基本磁盘中卷的空间,通常在同一磁盘上操作完成。而且要扩展的分区后面邻近必须有未分配的空间

具体操作步骤如下。

(1) 打开【磁盘管理】工具,右击逻辑驱动器 F:盘,在弹出的快捷菜单中选择【扩展卷】命令,如图 5-8 所示。

图 5-8 选择【扩展卷】命令

(2) 在【扩展卷向导】窗口中,单击【下一步】按钮,打开【选择磁盘】界面,选择一个磁盘上的空间来扩展卷,在【选择空间量】输入框中填写要扩展量,如图 5-9 所示。

图 5-9 【选择磁盘】界面

(3) 单击【下一步】按钮,完成扩展卷。F:分区由原来的 20GB 存储空间扩展到 30GB。

5.2.3 基本磁盘的压缩

压缩基本卷,可以减少主分区和扩展分区(或逻辑驱动器)的空间,压缩后可以将主分区

或逻辑分区收缩到邻近的连续未分配空间。如果需要新建一个分区却没有多余的空间，就可以从卷结尾处压缩现有分区，获得新的未分配空间，用于创建新的分区。

具体操作步骤如下。

(1) 在【磁盘管理】工具中，右击主分区 D:盘，在快捷菜单中选择【压缩卷】命令，打开【压缩 D:】窗口，如图 5-10 所示，在【输入压缩空间量】设置框里填写 10000。

图 5-10　压缩分区

(2) 单击【压缩】按钮，返回到【磁盘管理】窗口，在 D:分区后面邻近处会多出 10GB 的未分配空间，如图 5-11 所示。

注意：也可以用 diskpart 命令实现基本磁盘的压缩和扩展。

图 5-11　压缩后获取未分配空间

5.3　动态磁盘管理

服务器主要使用动态磁盘方式进行管理，动态磁盘的管理是基于动态卷的管理。卷是一个或者多个磁盘上的可以使用的空间组成的存储单元，可以格式化成一种文件系统并且分配驱动器号。因此，动态磁盘比基本磁盘更复杂，功能更强大。动态磁盘上的卷有简单卷、跨区卷、带区卷、镜像卷、RAID-5 卷等类型。

5.3.1　基本磁盘升级为动态磁盘

将基本磁盘转换为动态磁盘时，基本磁盘上原有的分区类型会转化为不同的动态磁盘卷，原有数据不会丢失。

具体操作步骤如下。

(1) 打开【磁盘管理】工具，右击某磁盘(如磁盘 0)，在弹出的快捷菜单中选择【转换到动态磁盘】命令，如图 5-12 所示。

图 5-12　转换为动态磁盘

(2) 在打开的【转换为动态磁盘】对话框中，选择需要转换的磁盘，如图 5-13 所示，单击【确定】按钮。

图 5-13　选择要转换的磁盘

(3) 打开【要转换的磁盘】窗口，如图 5-14 所示，以列表的形式显示哪个磁盘要转换成动态磁盘，单击【转换】按钮，打开提示对话框，提示用户如果将磁盘转换为动态磁盘，将无法从磁盘上的任何卷启动已安装的操作系统，如图 5-15 所示。确定要转换，单击【是】按钮。系统自动完成转换过程，该磁盘由基本磁盘转换为动态磁盘。

图 5-14　显示转换信息

图 5-15　提示信息

5.3.2　管理动态卷

1．创建简单卷

简单卷只能使用同一个磁盘上的连续空间来创建简单卷。但是，在创建完成后，可以扩展简单卷到同一个磁盘的非连续空间。简单卷能够被格式化为 FAT32 或者 NTFS 文件系统。

具体操作步骤如下。

(1) 在【磁盘管理】工具中，右击动态磁盘的未分配空间，在弹出的快捷菜单中选择【新建简单卷】命令，如图 5-16 所示。在【欢迎使用新建卷向导】界面中，单击【下一步】按钮。

图 5-16　选择【新建简单卷】命令

(2) 打开【指定卷大小】界面，输入介于最大和最小值之间的卷大小，如图 5-17 所示，单击【下一步】按钮。

图 5-17 【指定卷大小】界面

(3) 打开【分配驱动器号和路径】界面，为简单卷指派一个驱动器号，如图 5-18 所示，单击【下一步】按钮。

(4) 打开【格式化分区】界面，选择需要的文件系统和卷标，如图 5-19 所示，单击【下一步】按钮。

图 5-18 【分配驱动器号和路径】界面   图 5-19 【格式化分区】界面

(5) 在【正在完成新建简单卷向导】界面中单击【完成】按钮，系统对简单卷进行格式化，完成简单卷的创建。

2. 创建跨区卷

跨区卷是将多个动态磁盘(最少 2 个，最多 32 个)的没有分配的空间合并到一个逻辑卷中，但是用户使用时不会感觉到在使用多个磁盘。每个磁盘中用来组成跨区卷的空间可以不相同。

具体操作步骤如下。

(1) 同样在【磁盘管理】工具中，右击动态磁盘的未分配空间，如图 5-16 所示，在弹出的快捷菜单中选择【新建跨区卷】命令。打开【欢迎使用新建跨区卷向导】界面，单击

高职高专计算机实用规划教材——案例驱动与项目实践

【下一步】按钮，如图 5-20 所示。

(2) 打开【选择磁盘】界面，选择可以使用的动态磁盘添加到右侧的序列表中，并指定每个磁盘上使用的空间大小，本例中从磁盘 1 选择空间量为 1000MB，从磁盘 2 选择空间量为 2000MB，跨区卷大小总量为 3000MB，如图 5-21 所示。

图 5-20　【欢迎使用新建跨区卷向导】界面

图 5-21　选择创建跨区卷的磁盘

(3) 在【分配驱动器号和路径】界面中，为跨区卷分配一个驱动器号或驱动器路径，如图 5-18 所示。

(4) 在【卷区格式化】界面中，选择需要的文件系统和卷标，如图 5-19 所示。

(5) 完成向导后，结果如图 5-22 所示。

图 5-22　创建的跨区卷

3. 对简单卷和跨区卷进行扩展

简单卷和跨区卷创建完成后，如果磁盘还有可用的空间，我们就可以扩展不是系统卷的简单卷或跨区卷。如果把简单卷扩展到另一个磁盘，那么实际上是创建了一个跨区卷。

具体操作步骤如下。

(1) 打开【磁盘管理】工具，右击要扩展的简单卷或者跨区卷(本例选择跨区卷)，在弹出的快捷菜单中选择【扩展卷】命令，如图 5-23 所示。

(2) 在【选择磁盘】界面中，选择从哪个磁盘上的空间来扩展卷，如图 5-24 所示。

图 5-23　选择【扩展卷】命令　　　　　　图 5-24　【选择磁盘】界面

(3) 根据向导完成操作，结果如图 5-25 所示。

图 5-25　扩展后的跨区卷

4. 创建带区卷

带区卷也是将多个动态磁盘(最少 2 个，最多 32 个)的没有分配的空间合并到一个逻辑卷中，但是带区卷中每个成员的容量必须相同，并且要来自不同的物理磁盘。带区卷虽然具有很高的数据读写性能，但是它不支持容错功能。如果某一个成员区域发生故障，则整个带区卷的数据都会丢失。

具体操作步骤如下。

(1) 右击动态磁盘的未分配空间，在弹出的快捷菜单中选择【新建带区卷】命令，打开【欢迎使用新建带区卷向导】界面，单击【下一步】按钮。

(2) 在【选择磁盘】界面中，选择可以使用的动态磁盘添加到右侧的序列表中，如图 5-26 所示，要注意与跨区卷区别，选择单个磁盘容量 1000MB，卷大小总数是 2000MB。

图 5-26　选择磁盘和容量

(3) 在【分配驱动器号和路径】界面中，为带区卷指派一个驱动器号，在如图 5-18 所示的窗口中完成操作。

(4) 在【格式化分区】界面中，选择需要的文件系统和卷标，在如图 5-19 所示的窗口中完成操作。

(5) 完成向导后，结果如图 5-27 所示。

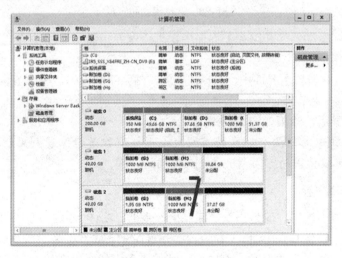

图 5-27　创建完成的带区卷

注意：在动态磁盘所有类型的卷中带区卷性能最高，但是带区卷没有容错能力，并且不能扩展和镜像。

5. 创建镜像卷

镜像卷是一种容错卷，它一般由两个物理磁盘上的空间组成。写入到镜像卷上的所有数据都会被复制到位于独立的物理磁盘上的两个镜像中。这样如果一个磁盘出现故障，用户仍然可以从另一个磁盘中读取数据，提高了数据的安全性。

具体操作步骤如下。

(1) 右击动态磁盘的未分配空间，在弹出的快捷菜单中选择【新建镜像卷】命令，打开【欢迎使用新建镜像卷向导】界面，单击【下一步】按钮。

(2) 在【选择磁盘】界面中，选择可以使用的动态磁盘和需要的容量，如图 5-28 所示，镜像卷使用磁盘 1 和磁盘 2，选择单个磁盘容量 1000MB，卷大小总数是 1000MB。

图 5-28　选择磁盘和容量

(3) 在【分配驱动器号和路径】界面中，为镜像卷指派一个驱动器号，在如图 5-18 所示窗口中完成操作。

(4) 在【格式化分区】界面中，选择需要的文件系统和卷标，在如图 5-19 所示窗口中完成操作。

(5) 完成向导后，结果如图 5-29 所示。

注意：用做镜像卷的两个磁盘的空间大小一样，但是镜像卷利用两个磁盘总空间的50%，所以卷的可以使用的空间大小是全部空间的一半。

6. 创建 RAID-5 卷

镜像卷容错能力较好，但是磁盘空间利用率太低。RAID-5 卷也是一种容错卷，而且磁盘空间利用率高于镜像卷。RAID-5 卷的数据分布在 3 个或者更多磁盘组成的磁盘阵列中，当一块磁盘出现故障丢失数据时，可以利用其他磁盘中的数据和校验信息来恢复。RAID-5卷不对存储的数据进行备份，它是把数据和相对应的奇偶校验信息存储到组成 RAID-5 卷的磁盘上。RAID-5 卷读取效率很高，但写入效率一般。

图 5-29　创建完成的镜像卷

具体操作步骤如下。

(1)　右击动态磁盘的未分配空间，在弹出的快捷菜单中选择【新建 RAID-5 卷】命令，打开【欢迎使用新建 RAID-5 卷向导】界面，单击【下一步】按钮。

(2)　在【选择磁盘】界面中，选择可以使用的动态磁盘添加到右侧的序列表中，如图 5-30 所示，要注意创建 RAID-5 卷，至少需要 3 块动态磁盘，最后的实际容量是磁盘总容量的 2/3。

图 5-30　选择磁盘和容量

(3)　在【分配驱动器号和路径】界面中，为 RAID-5 卷指派一个驱动器号，在如图 5-18 所示的窗口中完成操作。

(4)　在【格式化分区】界面中，选择需要的文件系统和卷标，在如图 5-19 所示的窗口中完成操作。

(5)　完成向导后，结果如图 5-31 所示。

图 5-31　创建完成的 RAID-5 卷

5.4　磁盘配额的实现

Windows Server 2012 提供了磁盘配额功能来限制用户对磁盘空间的无限制使用。磁盘配额监视每一个用户的卷的使用情况，用户超过配额限制，必须删除或者移出一些文件之后，才能继续把其他文件写入卷。用户之间对磁盘空间的使用都不会相互影响，也就是说只要不超过配额限制，每个用户都可以在卷中保存文件。要在卷上启用磁盘配额，该卷的文件系统必须是 NTFS 格式。

5.4.1　启用和设置磁盘配额

网络管理员可以在服务器上启用磁盘配额管理，限制每个用户能使用的磁盘空间。

具体操作步骤如下。

(1) 在需要启用磁盘配额的卷上右击，在弹出的快捷菜单中选择【属性】命令，打开卷的属性对话框。

(2) 切换到【配额】选项卡，勾选【启用配额管理】复选框，如图 5-32 所示。启用配额管理功能后，必须进行相应的设置。在【为该卷上的新用户选择默认配额限制：】选项组中选中【将磁盘空间限制为】单选按钮，一般设置两个值：磁盘配额限制和磁盘配额警告等级。本例把用户的磁盘配额限制为 100MB，并且把磁盘配额警告级别设为 80MB。如果管理员不限制用户对卷的使用空间，只是要对用户使用情况进行跟踪，可以选中【不限制磁盘使用】单选按钮。

勾选【拒绝将磁盘空间给超过配额限制的用户】复选框，当用户占用磁盘空间达到 100MB 时就不能再使用新的磁盘空间，系统提示 "磁盘空间不足"。用户使用卷容量超过 100MB 时，管理员希望系统在本地计算机的日志文件中记录该事件，勾选【用户超出配额限制时记录事件】复选框。当用户使用容量超过 80MB 时，管理员希望系统在本地计算机的日志文件中记录该事件，勾选【用户超过警告等级时记录事件】复选框。

(3) 设置完成后，单击【应用】按钮，弹出如图 5-33 所示的提示框，单击【确定】按钮，系统扫描该卷，为使用该卷的用户创建配额项。

(4) 设置完成后，单击【确定】按钮，当普通用户进入系统时，会看到该卷空间的大小是被限制使用的空间大小。

图 5-32 设置磁盘配额

图 5-33 提示信息

注意：只有 Administrator 组的用户有权使用磁盘配额，并且 Administrator 组的用户不受配额限制。启用卷的磁盘配额后，系统自动跟踪所有用户对卷的使用。系统按未压缩的文件大小跟踪文件，所以不能使用文件压缩来防止用户超过配额限制。

5.4.2 调整磁盘配额限制和警告级别

上述磁盘配额设置对所有用户是一样的，为了满足一些用户的特定需要，管理员可以为某个用户或者用户组单独设定磁盘配额。例如，用户小王由于工作的特殊需要，分配给他的服务器磁盘空间 100MB 不够用，此时管理员可以单独修改小王的磁盘配额。

具体操作步骤如下。

(1) 右击设定磁盘配额的卷，在弹出的快捷菜单中选择【属性】命令，打开卷的属性对话框，切换到【配额】选项卡，单击【配额项】按钮，出现如图 5-34 所示的窗口。

(2) 右击窗口列表中需要修改磁盘配额的用户小王，在弹出的快捷菜单中选择【属性】命令，在弹出的【小王的配额设置】对话框中，管理员就可以重新设置小王的磁盘空间限制和警告等级，如图 5-35 所示。

图 5-34　磁盘配额管理窗口　　　　　　　　　图 5-35　修改用户的磁盘配额

5.4.3　删除磁盘配额

如果用户在服务器上创建了多个文件，需要把这些文件全部移动到其他卷上，或者由于工作原因需要全部删除，可以使用删除用户磁盘配额的方法进行。

具体操作步骤如下。

(1) 打开磁盘配额项管理窗口，右击要操作的用户，在弹出的快捷菜单中选择【删除】命令，如图 5-36 所示。

图 5-36　删除磁盘配额(1)

(2) 弹出如图 5-37 所示的对话框。如果需要删除文件，单击【删除】按钮(只能删除用户文件，不能删除用户文件夹)；如果要使当前的操作者成为文件所有者，首先选择用户文件和文件夹，然后单击【取得所有权】按钮；如果需要把文件移动到新的位置，单击【浏览】按钮或者直接输入要移动到的目的路径，再单击【移动】按钮(只能移动文件，不能移动文件夹)。

图 5-37　删除磁盘配额(2)

5.4.4　导入和导出磁盘配额项目

在两台文件服务器上，根据共享的 NTFS 卷的需要实施相同的磁盘配额，管理员不必单独设置，可以通过磁盘配额的"导入/导出"命令，将一个卷的配额项复制到另一个卷中。

具体操作步骤如下。

(1) 右击设定磁盘配额的卷，在弹出的快捷菜单中选择【属性】命令，打开卷的属性对话框，切换到【配额】选项卡，单击【配额项】按钮，出现如图 5-34 所示的磁盘配额管理窗口。

(2) 选择要导出的磁盘配额项，打开【配额】菜单，选择【导出】命令。打开【导出配额设置】对话框，将选中的磁盘配额项设置保存。

(3) 将导出的配额文件复制到另一台服务器上，打开如图 5-34 所示的磁盘配额管理窗口。

(4) 打开【配额】菜单，选择【导入】命令，如图 5-38 所示。在【打开】对话框中选择配额文件，单击【打开】按钮即完成了操作。

图 5-38　导入/导出磁盘配额

5.5　实　践　训　练

5.5.1　任务 1：管理基本磁盘

任务目标： 了解一块硬盘最多可以建 4 个主分区或 3 个主分区加 1 个扩展分区；掌握在 Windows Server 2012 中增加主分区、扩展分区的操作；掌握在扩展分区中增加逻辑分区的操作。

包含知识： 主分区、扩展分区、逻辑分区的概念和相关操作。

实施过程：

(1)　在磁盘管理工具中，删除系统分区之外的所有逻辑驱动器和磁盘分区，使之成为未分配的磁盘空间。

(2)　在未分配的基本磁盘空间上创建一个新的主磁盘分区和一个扩展磁盘分区。

(3)　在创建的扩展磁盘分区上，创建两个逻辑驱动器。

(4)　在磁盘管理工具中，更改驱动器号和路径。

(5)　将磁盘重新格式化成 NTFS 文件系统。

常见问题分析： 由于在扩展分区中可以创建多个逻辑驱动器，因而在创建扩展分区时，并不为扩展分区指定逻辑驱动器号，也不进行格式化操作。

5.5.2　任务 2：管理动态磁盘

任务目标： 了解动态磁盘与基本磁盘相比的优越性；掌握基本磁盘升级到动态磁盘的方法；掌握动态磁盘的管理。

包含知识： 动态磁盘、简单卷、扩展卷、跨区卷、带区卷、镜像卷与 RAID-5 卷。

实施过程：

(1)　在虚拟机上添加 3 块新的硬盘。

(2)　将基本磁盘转化为动态磁盘。

(3)　创建简单卷、跨区卷、带区卷、镜像卷与 RAID-5 卷。

(4)　分别为简单卷和跨区卷扩展磁盘空间。

(5)　删除一块硬盘，检查镜像卷与简单卷、跨区卷、带区卷的区别。

常见问题分析： 当基本磁盘升级为动态磁盘后，所有的磁盘分区将变成简单卷。当升级完成后，只有将所有的卷删除后，才能降级为基本磁盘。在升级磁盘之前，必须先关闭从该磁盘运行的所有程序。

5.5.3　任务 3：磁盘配额管理

任务目标：理解磁盘配额的用途；掌握磁盘配额的设置。

包含知识：磁盘配额的应用。

实施过程：

(1)　创建两个普通用户 xiaoli，xiaowang。

(2)　启用磁盘配额，为新用户设置默认磁盘配额。

(3)　调整用户 xiaowang 的磁盘配额限制和警告级别。

(4)　以用户 xiaoli 登录系统，在设置了磁盘配额的卷上建立文件和文件夹。

(5)　以 Administrator 身份登录系统，删除 xiaoli 的磁盘配额。

(6)　在两个系统之间导出和导入磁盘配额项目。

常见问题分析：Windows Server 2012 系统只有采用 NTFS 文件格式，才能使用"磁盘配额"功能。如果某卷没有被格式化为 NTFS 文件系统，或者如果用户不是 Administrators 组的成员，则该卷的属性对话框中不会显示【配额】选项卡，即无配额权限。

5.6　习　　题

1. 选择题

(1)　一个基本磁盘最多有(　　)个主磁盘分区。

　　A．4　　　　　　　B．3　　　　　　　C．2　　　　　　　D．1

(2)　将基本磁盘转换为动态磁盘,原来磁盘的内容(　　);将动态磁盘转换为基本磁盘,原来磁盘中的内容(　　)。

　　A．不变，不变　　B．不变，丢失　　C．丢失，不变　　D．丢失，丢失

(3)　在动态磁盘的卷类型中，磁盘空间使用率最低的是(　　)。

　　A．简单卷　　　　B．带区卷　　　　C．镜像卷　　　　D．RAID -5 卷

(4)　在动态磁盘的卷类型中，数据读取性能最好的是(　　)。

　　A．简单卷　　　　B．带区卷　　　　C．镜像卷　　　　D．RAID -5 卷

(5)　可以执行磁盘配额的组是(　　)。

　　A．Users　　　　　　　　　　　B．Administrators

　　C．Power Users　　　　　　　　D．Backup Operators

(6)　将基本磁盘升级到动态磁盘以后，原来的逻辑分区成为(　　)。

　　A．简单卷　　　　B．跨区卷　　　　C．镜像卷　　　　D．RAID-5 卷

(7)　在动态磁盘中，具有容错功能的是(　　)。

　　A．简单卷和 RAID－5 卷　　　　　　B．带区卷和镜像卷

　　C．镜像卷和跨区卷　　　　　　　　　D．镜像卷和 RAID－5 卷

(8)　在 NTFS 文件系统中，(　　)可以限制用户对磁盘的使用量。

A. 活动目录　　　B. 磁盘配额　　　C. 文件加密　　　D. 稀松文件支持

(9) 扩展分区中可以包含一个或多个( )。

A. 主分区　　　　B. 逻辑分区　　　C. 简单卷　　　　D. 跨区卷

(10) 基本磁盘包括( )。

A. 主分区和扩展分区　　　　　　　B. 主分区和逻辑分区

C. 扩展分区和逻辑分区　　　　　　D. 分区和卷

2. 思考题

(1) 基本磁盘和动态磁盘相互转换有什么不同?

(2) 动态磁盘的卷类型有哪几种?各有什么特点?

(3) 磁盘配额有什么作用?

第 6 章　管理文件系统与共享资源

学习提示

资源管理是 Windows Server 2012 常规管理的核心内容。本章主要介绍 Windows Server 2012 支持文件系统、NTFS 权限、文件夹共享、DFS 文件夹配置打印服务等。

学习目标

通过本章的学习，应该了解 Windows Server 2012 文件系统；熟练掌握 NTFS 权限的设置；掌握共享文件夹的创建和访问；掌握配置打印服务的过程等。

6.1　Windows Server 2012 文件系统

文件系统是在硬盘上保存信息的格式。在所有的计算机系统中，都存在一个相应的文件系统，用以规定计算机对文件和文件夹进行操作处理的各种标准和机制。因此，用户所有对文件和文件夹的操作都是通过文件系统实现的。

计算机网络的最大特点是资源共享。作为网络管理员，要对服务器上的一些文件实现文件夹共享，但同时也要保护重要文件的安全，不被其他用户非法访问或者无意中出现破坏性操作，所以需要进行 NTFS 权限设置。有时为了负载均衡，文件系统管理的资源可能保存在不同的计算机上。为了方便用户访问这些资源，Windows Server 2012 提供了分布式文件系统，它会自动让用户从网络中的另一台计算机内读取文件。

文件系统包括文件命名、文件的存储和组织结构。对磁盘格式化，必须选择适合的文件系统。

Windows Server 2012 支持 FAT32、NTFS 和新增的 ReFS 文件系统格式。下面对上述文件系统做简单介绍。

6.1.1　FAT/FAT32 文件系统

FAT 是文件分配表系统(File Allocation Table)的简称。FAT 文件系统是一种供 MS-DOS 及其他 Windows 操作系统对文件进行组织与管理的文件系统。文件分配表是当用户使用 FAT 或 FAT32 文件系统对特定卷进行格式化时，由 Windows 所创建的一种数据结构。Windows 将与文件相关的信息存储在 FAT 中，以供日后获取文件时使用。

FAT 文件系统最初用于小型磁盘和简单文件结构的简单文件系统。FAT 文件系统得名于它的组织方式：放置在分区起始位置的文件分配表。为确保正确装卸启动系统所必需的文件，文件分配表和根目录必须存放在磁盘分区的固定位置。文件分配表对于硬盘的使用是非常重要的，如果丢失文件分配表，那么硬盘上的数据就会因为无法定位而不能使用。

FAT32 文件系统是在 FAT 基础上发展而来的，它采用 32 位的文件分配表。同 FAT 相比 FAT32 最大的优点是理论上支持的磁盘大小达到 2TB。FAT32 的另外一个重要特点是完全支持长文件名。

6.1.2　NTFS 文件系统概述

NTFS(New Technology File System)文件系统从 Windows NT 时就开始使用了。它提供了 NTFS 权限、审核对象访问、加密、磁盘配额、动态磁盘等比 FAT 和 FAT32 文件系统更先进的高级功能。利用 NTFS 分区可以有效地提高 Windows Server 2012 文件系统的数据安全性、存储有效性以及磁盘空间的利用率。Windows Server 2012 文件系统在 NTFS 分区上可以利用 NTFS 权限和文件加密提高数据安全性和数据存储有效性，利用数据压缩和磁盘配额提高磁盘空间的利用率。

NTFS 文件系统具有如下几个特点。

(1) 支持分区容量大。NTFS 文件系统可以支持的基本磁盘的分区(或者动态磁盘的卷)最大可以达到 2TB，远大于 FAT 格式。

(2) 更好的磁盘压缩性能。NTFS 支持分区、文件夹和文件的压缩。任何基于 Windows 的应用程序对 NTFS 分区上的压缩文件进行读写时，不必事先由其他程序进行解压缩，而是在对文件读取时进行自动解压缩。文件关闭或保存时还会自动对文件进行压缩，这样可以提高磁盘的利用率。

(3) NTFS 是一个可恢复的文件系统。在 NTFS 分区上用户必须运行磁盘修复程序的次数很少。NTFS 通过使用标准的事件处理日志和恢复技术来保证分区的一致性。一旦发生电源失效或者其他系统失败事件，NTFS 能帮助用户迅速恢复信息。

(4) 较高的磁盘利用率。NTFS 能够更有效地管理磁盘空间，避免磁盘空间的浪费。

(5) 严格的共享控制。在 NTFS 分区上，管理员可以为共享的文件夹和文件设置访问许可权限。这样不仅定义了对共享资源进行访问许可的组或用户，还对其设置了访问级别。访问许可权限的设置不但适用于本地计算机的用户，同样也适用于网络用户。

(6) 进行磁盘配额管理。如前所述，磁盘配额管理功能可以使管理员方便合理地为用户分配存储资源，避免由于磁盘空间使用的失控可能造成的系统崩溃，提高系统的安全性。

6.1.3　ReFS 文件系统

ReFS(Resilient File System,弹性文件系统)是 Windows Server 2012 中新引入的一个文件系统。目前只能应用于存储数据，还不能引导系统，并且在移动媒介上也无法使用。

ReFS 与 NTFS 大部分是兼容的，主要是为了保持较高的稳定性，可以自动验证数据是否损坏，并尽力恢复数据。同时放弃其他的价值有限但会大幅增加系统复杂性和占用率的一些功能。

ReFS 的主要功能如下(需要注意，其中某些功能与存储空间联合提供)。

(1) 带有校验和元数据完整性。

(2) 提供可选用户数据完整性的完整性流。

(3) 通过写入时分配事务模型实现可靠的磁盘更新。

(4) 支持超大规模的卷、文件和目录。

(5) 通过数据条带化提高性能并通过备份提高容错性。

(6) 通过磁盘扫描防止潜在的磁盘错误。

6.1.4　分区转换

1. FAT 转换为 NTFS

NTFS 包含了 Active Directory 及其他重要安全特性所需的各项功能。只有选择了 NTFS 作为文件系统，用户才可以使用 Active Directory 和基于域的安全性等特性。

在安装 Windows Server 2012 系统时，默认安装的磁盘分区为 NTFS 分区。如果安装完成后，某块磁盘是 FAT 或者 FAT32 格式，可以通过命令 "convert 盘符/FS:NTFS" 把它转换为 NTFS 格式。这种转换方式可以确保磁盘的文件完好无损。

具体操作步骤如下。

(1) 选择【开始】中的 Windows PowerShell 图标，或单击【任务栏】左侧的【Windows PowerShell 图标，都可以打开命令行窗口。

(2) 在命令提示符窗口中，输入 "convert 盘符/FS:NTFS"。例如，把 F 盘转换为 NTFS 格式，输入 "convert F:/FS:NTFS" 就可以了(如果分区有卷标，会有提示输入卷标)，如图 6-1 所示。

图 6-1　利用 convert 命令进行格式转换

当然，还可以通过重新格式化的方式来进行转换，但是用这种方式进行转换时则原盘中的数据会丢失。

具体操作步骤如下。

(1) 右击需要转换的驱动器或者分区，在弹出的快捷菜单中选择【格式化】命令。

(2) 在格式化窗口的【文件系统】下拉列表框中选择 NTFS，然后单击【确定】按钮就可以完成转换，如图 6-2 所示。

图 6-2　利用重新格式化分区进行格式转换

2. NTFS 转换为 FAT32

如果需要把 NTFS 格式恢复为 FAT32 格式，只能对驱动器或分区进行重新格式化(操作参考图 6-2，只是在【文件系统】下拉列表框中选择 FAT32)。特别需要注意的是，这样的操作会删除该分区中所有的数据！

6.2　设置 NTFS 权限

为了预防可能的入侵和溢出，保障系统的安全性，Windows Server 2012 在 NTFS 磁盘上提供了 NTFS 权限。用户通过权限设置来允许或者禁止用户或组对文件或文件夹的各种操作，保证数据资源的安全。

6.2.1　NTFS 权限属性及类别

1. 管理 NTFS 权限

当授予用户或组访问某文件夹的 NTFS 权限后，用户或者组成员就可以访问该文件夹内部的资源。要正确有效地设置好系统文件或文件夹的访问权限，必须注意 NTFS 文件夹和文件权限具有的属性。

(1) 权限是累加的。一个用户的总体权限是所有准许用户使用或访问一个对象的权限的总和。例如，如果一个用户是同时属于 A、B 两个组的成员，通过 A 组成员身份获得对某文件或文件夹的"读取"权限，同时通过 B 组成员身份获得了"写入"权限。那么该用户对该文件或文件夹就具有 "读取"和"写入"的访问权限。

在实际应用中，为了简化管理，一般不把权限授予用户而是直接授予组，这样用户就具有与所在组相同的权限，提高了管理、分配权限的效率。

(2) 权限具有继承性。权限的继承性就是子文件夹在设置权限之前是继承其上一级文件夹设置的权限。也就是说，如果一个用户或者组对某一文件夹具有读取权限，那这个用户或者组对这个文件夹的子文件夹同样具有读取权限，除非子文件夹重新设置了权限，中断继承关系。

（3）权限具有优先性。文件权限优先于文件夹权限。如果某个文件夹的权限是"读取"，我们可以为其下的文件设置权限为"完全控制"，这样对该文件的访问不受文件夹设置的权限限制。另外，"拒绝"权限优先于其他权限。如果一个用户同属于两个组，其中一个组对某一文件或文件夹具有"拒绝访问"的访问权限，另一个组对这一文件或文件夹具有"完全控制"的访问权限，那么用户对该文件或文件夹访问权限是"拒绝访问"。

（4）访问权限和共享权限具有交叉性。当同一文件夹在为某一用户设置了共享权限，同时又为用户设置了该文件夹的访问权限，那么如果所设权限不一致时，用户的最终权限是最严格、最小的权限。

（5）拒绝权限超越其他所有权限原则。当用户或组被授予了对某资源的拒绝权限，该权限将覆盖其他任何权限。即所谓"一票否决"，上述权限原则均失效。

2. NTFS 文件及文件夹权限

可以对文件和文件夹的 NTFS 权限选择不同类别，以此控制用户的访问。

（1）文件的 NTFS 权限。

● 完全控制：允许用户执行全部 NTFS 文件权限允许的操作，可以获得文件夹所有权。

● 修改：是具有修改、读取、删除文件以及读取运行应用程序。

● 读取和执行：允许用户读取、文件及运行应用程序。

● 读取：允许用户读取文件内容、查看文件属性、所有者和权限等信息。

● 写入：允许用户写入文件内容，修改文件属性，查看文件所有者及权限信息。

（2）文件夹的 NTFS 属性。

● 完全控制：用户具有全部权限，可以更改文件夹权限，可以获得文件夹所有权。

● 修改：用户可以写入、读取、执行、删除文件夹和文件。

● 读取和执行：允许用户读取文件及执行文件夹中的应用程序。

● 列出文件夹内容：用户可以查看文件和文件夹列表，不能打开文件，可以查看文件夹属性、权限设置、所有者等信息。

● 读取：用户除具有"列出文件夹"权限外，还可以打开其中的文件。

● 写入：用户可以创建文件和文件夹、修改文件夹属性，查看文件夹所有者及权限信息。

● 特殊权限：用户能够更精确地指派权限，以便满足各种不同的权限需求。

6.2.2　复制、移动与 NTFS 权限的变化

文件从一个文件夹复制到另一个文件夹时，无论文件被复制到同一个 NTFS 卷或分区，还是不同的 NTFS 卷或分区，操作者相当于创建了一个新的文件，该文件的权限是继承目的文件夹的权限，如图 6-3 所示。

文件从某个文件夹移动到另一个文件夹时，如图 6-4 所示，分为以下两种情况。

图 6-3　在 NTFS 卷中复制文件或文件夹　　　图 6-4　在 NTFS 卷中移动文件或文件夹

(1) 如果是同一个 NTFS 卷或分区内移动，则仍保留原有的权限。

(2) 如果是不同 NTFS 卷或分区间移动，操作者相当于创建了一个新的文件，其权限继承目的文件夹的权限。

6.3　管理共享文件夹

共享可以使计算机中的资源(文件夹或者打印机)能够被其他用户分享。所谓共享文件夹就是为实现计算机软件资源共享而设置的一种文件夹。通过共享文件夹，网络中拥有权限的用户可以访问其中的文件和文件夹资源。

6.3.1　创建共享文件夹

在 Windows Server 2012 系统中只有 Administrator 组、Server Operators 组或者 Power Users 组的成员才有权限创建共享。对一个文件夹，可以使用多个共享名创建多个共享，共享文件夹的创建方式很多。

方法一：

(1) 打开【服务器管理器】，在【工具】菜单里选择【计算机管理】命令，打开【计算机管理】窗口，在控制台树中展开【共享文件夹】，右击【共享】，在弹出的快捷菜单中选择【新建共享】命令，如图 6-5 所示。

(2) 在欢迎界面单击【下一步】按钮，打开如图 6-6 所示的【文件夹路径】界面，输入要建立共享的文件夹的路径。

图 6-5　选择【新建共享】命令

图 6-6　【文件夹路径】界面

(3)　单击【下一步】按钮，在如图 6-7 所示的【名称、描述和设置】界面，输入【共享名】、【共享路径】和【描述】。

图 6-7　【名称、描述和设置】界面

(4)　单击【下一步】按钮，打开如图 6-8 所示的【共享文件夹的权限】界面，选择共享权限。如果选中【自定义权限】单选按钮，单击【自定义】按钮，打开如图 6-9 所示的对话框。

对于共享文件夹，要进行合理的权限设置，为系统提供一定的安全保证，避免由于用户自由使用资源，带来文件的损坏或遗失，因此在建立共享之后一定要设置合理的共享权限。设置共享文件夹权限分为读取、更改和完全控制。

- 共享文件夹的读取权限：包括查看文件名和子文件夹名，访问共享文件夹中不同的子文件夹，查看文件内容、属性和运行程序文件。
- 共享文件夹的更改权限：包括读取权限中的所有权限，添加文件和子文件夹，更改文件中的数据，删除子文件和文件夹。
- 共享文件夹的完全控制权限：包括更改权限，取得所有权。

图 6-8　【共享文件夹的权限】界面

图 6-9　【自定义权限】对话框

(5) 在图 6-8 中，单击【完成】按钮即可完成共享创建。

方法二：

(1) 在【文件资源管理器】中右击要建立共享的文件夹(或者直接在要建立共享的文件夹上右击)，在弹出的快捷菜单中选择【属性】命令，如图 6-10 所示。

(2) 在【素材 属性】对话框中，切换到【共享】选项卡，如图 6-11 所示，单击【高级共享】按钮。

图 6-10　在文件资源管理器中新建共享

图 6-11　【共享】选项卡

(3) 在【高级共享】对话框中，勾选【共享此文件夹】复选框，如图 6-12 所示，设置【共享名】和【将同时共享的用户数量限制为】。单击【权限】按钮可以为此文件夹设置共享权限。

(4)　在图 6-12 中单击【应用】按钮，会激活【添加】按钮，单击【添加】按钮，出现【新建共享】对话框，可以设置共享名，如图 6-13 所示。

　　　　图 6-12　设置共享名和用户数　　　　　　　　　　　图 6-13　新建共享

(5)　可以在【新建共享】对话框中，单击【权限】按钮，选择用户权限。然后单击【确定】按钮，完成共享文件夹设置。

6.3.2　访问共享文件夹

共享文件夹创建完成后，为了获取共享网络资源，需要访问共享文件夹。用户可以在本地计算机上，像使用本地资源一样来使用这些共享资源。Windows Server 2012 中有很多方法可以连接共享文件夹。下面介绍几种访问共享文件夹的方法。

方法一：

双击桌面上【这台电脑】图标，打开【这台电脑】窗口，在窗口左侧单击【网络】图标，找到共享文件夹所在的计算机；双击打开该计算机，输入用户在该计算机上的账户名和密码，就可以访问共享文件夹了。这是最常用的方法。但是这种方法有一个缺点：如果共享文件夹的共享名最后一个字符是"$"，那么该资源是隐藏资源，用这种方法不能访问。

方法二：

右击【开始】，单击【运行】命令，打开【运行】对话框，如图 6-14 所示，在【打开】文本框中输入网络路径，格式是：\\计算机名称或计算机的 IP 地址\共享文件夹名。也可以在资源管理器的地址栏输入。这种方法可以访问隐藏资源。

图 6-14 【运行】对话框

方法三:

通过映射网络驱动器方法访问:右击【这台电脑】图标,在弹出的快捷菜单中选择【映射网络驱动器】命令,在如图 6-15 所示的【映射网络驱动器】对话框中为链接指定驱动器号、输入目标文件夹。然后单击【完成】按钮就可以了。

图 6-15 映射网络驱动器

设置完成后,在【这台电脑】中会出现相应的映射驱动器,如图 6-16 所示,双击该驱动器就可以访问共享文件夹了。这种方法适用于需要经常访问的共享文件夹。

图 6-16 映射网络驱动器的结果

6.4 配置打印服务

Windows Server 2012 系统为用户提供了强大的打印管理功能，用户可以在网络上共享打印资源。

根据打印机的不同类型，管理员可以安装两种打印机：本地打印机和网络打印机。可以通过【添加打印机向导】完成安装。

6.4.1 安装本地打印机

所谓本地打印机就是指直接连接到计算机某个端口(LTP 端口、USB 端口或者 IR 端口)的打印机。

具体操作步骤如下。

(1) 将打印机连接到计算机的端口。选择【控制面板】|【硬件】|【查看设备和打印机】命令，在打开的窗口中单击【添加打印机】按钮，启动【添加打印机】界面，如图 6-17 所示。

(2) 如果添加的打印机不在列表中，单击【下一步】按钮，打开【按其他选项查找打印机】界面，选中【通过手动设置添加本地打印机或网络打印机】单选按钮，如图 6-18 所示。

图 6-17 【添加打印机】界面   图 6-18 查找本地或网络打印机

(3) 单击【下一步】按钮，打开【选择打印机端口】界面，选择打印机端口为：LTP1，如图 6-19 所示。

(4) 单击【下一步】按钮，打开【安装打印机驱动程序】界面，根据安装的打印机类型选择驱动程序。可以在列表中选择对应的打印机厂商和型号，或者从打印机附带的磁盘安装，如图 6-20 所示。

(5) 单击【下一步】按钮，打开【键入打印机名称】界面，为方便进行管理，为打印机命名，打印机名不超过 31 个字符，如图 6-21 所示。

图 6-19　【选择打印机端口】界面　　　　　图 6-20　【安装打印机驱动程序】界面

（6）单击【下一步】按钮，打开【打印机共享】界面，共享该打印机，指定共享名。输入打印机的位置和注释信息，如图 6-22 所示。

图 6-21　【键入打印机名称】界面　　　　　　图 6-22　【打印机共享】界面

（7）单击【下一步】按钮，打开【打印测试页】界面，如图 6-23 所示。如果需要测试，单击【打印测试页】按钮，打开【已将测试页发送到打印机】界面，如图 6-24 所示。

图 6-23　【打印测试页】界面　　　　　　　　图 6-24　发送测试页

(8) 单击【完成】按钮，本地打印机安装成功。可以在【设备和打印机】窗口中看到成功安装的打印机，如图 6-25 所示。

图 6-25　完成安装

6.4.2　安装网络打印机

所谓网络打印机就是利用网络适配器，使用 IP、IPX 或者 Appletalk 协议连接到计算机的打印机。它的安装也是通过添加打印机向导来完成的(见图 6-26)。

图 6-26　【选择打印机端口】界面

具体操作步骤如下。

(1) 连接好打印服务器。如果是内置打印服务器，只需要把内置打印服务器插好，再连上网线就可以了。如果是外置打印服务器，要把网线插到打印服务器的网络接口上，用一条并行口打印电缆连接打印服务器的并行口和打印机的并行口，接上打印服务器的电源。设置好打印服务器的 IP 地址。

(2) 选择【控制面板】|【硬件】|【查看设备和打印机】命令，在打开的窗口中单击【添加打印机】按钮，启动【添加打印机】界面，如图 6-17 所示。

(3) 单击【下一步】按钮，打开【按其他选项查找打印机】界面，仍然选中【通过手动设置添加本地打印机或网络打印机】单选按钮(因为打印机虽然通过网络接口连接，但是还是由本服务器管理)，如图 6-18 所示。

(4) 单击【下一步】按钮，打开【选择打印机端口】界面，选中【创建新端口】单选按钮，在【端口类型】下拉列表框中选择 Standard TCP/IP Port，如图 6-26 所示。

(5) 单击【下一步】按钮，打开【键入打印机主机名或 IP 地址】界面，输入主机名或 IP 地址，如图 6-27 所示。

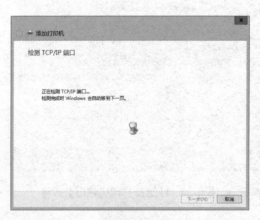

图 6-27　【键入打印机主机名或 IP 地址】界面

(6) 单击【下一步】按钮，打开【检测 TCP/IP 端口】界面，如图 6-28 所示，单击【下一步】按钮，进入【安装打印机软件】界面，以后操作类似于本地打印机安装，这里不再详述了。

图 6-28　【检测 TCP/IP 端口】界面

6.4.3　客户端使用网络打印机

在成功安装打印机后，并且打印机共享到了网络中，其他用户只需要通过网络连接到共享打印机就可以了。

具体操作步骤如下。

(1) 在客户端计算机上,选择【控制面板】|【硬件】|【查看设备和打印机】命令,在打开的窗口中单击【添加打印机】按钮,如图 6-17 所示,启动【添加打印机】界面。

(2) 可以在图 6-18 所示的【按其他选项查找打印机】界面中,选中【按名称选择共享打印机】单选按钮,单击【浏览】按钮,打开【请选择希望使用的网络打印机并单击"选择"与之连接】窗口,选中某台共享的打印机,如图 6-29 所示,然后单击【选择】按钮。

图 6-29 选择共享打印机

(3) 通过浏览找到网络上的共享打印机或者直接输入打印机的网络路径,如图 6-30 所示。

图 6-30 按名称选择共享打印机

(4) 单击【下一步】按钮,显示已成功添加打印机,如图 6-31 所示。

(5) 单击【下一步】按钮,如图 6-32 所示,通过【设置为默认打印机】复选框,确定是否将本地打印机设定为默认打印机,也可以打印测试页,单击【完成】按钮,完成安装。

图 6-31　添加成功　　　　　　　　　　图 6-32　　进一步设置

(6) 安装成功后，可以在【设备和打印机】窗口中，看到共享的打印机图标。

6.4.4　管理打印驱动程序

打印驱动程序是实现计算机程序与打印机通信的软件，负责将计算机发送的打印作业翻译成打印机可以理解的命令程序。

1. 更新打印驱动程序

作为管理员，应该经常访问打印机设备制造商网站，下载最新的打印机驱动程序，对原来的驱动程序进行更新。

具体操作步骤如下。

(1) 选择【控制面板】|【硬件】|【查看设备和打印机】命令，打开【设备和打印机】窗口。右击要更新驱动程序的打印机，在弹出的快捷菜单中选择【打印机属性】命令，如图 6-33 所示。

图 6-33　选择【打印机属性】命令

(2) 在打开的属性对话框中切换到【高级】选项卡，如图 6-34 所示。

（3）　单击【新驱动程序】按钮，打开【欢迎使用添加打印机驱动程序向导】界面，如图 6-35 所示。

图 6-34　【高级】选项卡　　　　　　　　图 6-35　添加打印机驱动程序向导

（4）　单击【下一步】按钮，打开【打印机驱动程序选项】界面，如图 6-36 所示，单击【从磁盘安装】按钮，直接选择更新的驱动程序。完成打印机驱动程序的安装。

图 6-36　【打印机驱动程序选项】界面

2. 设置打印默认值

在打印机上设置默认值，那么该默认值将成为连接到打印机的任何用户的默认设置。

打开【设备和打印机】窗口，右击要设置默认打印首选项的打印机，在弹出的快捷菜单中选择【设置为默认打印机】命令，如图 6-33 所示，即可将该打印机设置为默认打印机。

3. 设置打印首选项

打印首选项包括页面方向、页序和打印页数。

(1) 打开【设备和打印机】窗口，右击需要设置的打印机，在弹出的快捷菜单中选择【打印首选项】命令，打开如图 6-37 所示的窗口。

(2) 在【布局】选项卡中，可以设置打印方向和页面格式。

(3) 在【纸张/质量】选项卡中，选择纸盒及颜色，如图 6-38 所示。

图 6-37　【布局】选项卡　　　　　　　　图 6-38　【纸张/质量】选项卡

4. 管理打印文档

通过管理打印文档可以暂停或继续打印、重新开始打印文档、删除文档、查看和更改文档设置等。

双击打印机就能打开打印机文档管理器窗口，管理员和用户可以根据权限进行对打印文档的管理，如图 6-39 所示。

图 6-39　打印机文档管理器窗口

6.4.5　管理打印服务器(设置优先级、打印池)

1. 设置打印机优先权

管理员建立了多个逻辑打印机，并且设定让有紧急任务的用户连接优先级高的打印机。但是每个用户都喜欢使用优先级高的打印机。为了解决这一问题，我们可以对不同用户设置不同的共享打印机的使用权限，把优先级高的打印机只提供给特定用户使用。

具体操作步骤如下。

(1) 以 Administrator 身份登录打印机服务器，打开【设备和打印机】窗口，右击一台逻辑打印机，在弹出的快捷菜单中选择【打印机属性】命令，在属性对话框中切换到【高级】选项卡，把该打印机的【优先级】设置为"1"，单击【确定】按钮，如图 6-34 所示。

(2) 再次打开属性对话框，切换到【安全】选项卡。单击【添加】按钮，添加可以使用该计算机的组和用户。选中不同用户，设置不同权限，如图 6-40 所示。例如，允许小李使用该优先级最高的打印机，但是拒绝小王使用。

(3) 同理设置另一台逻辑打印机优先级为 99，并且为不同用户设置不同权限。例如，允许小李、小王都可以使用优先级低的打印机。

(4) 当用户小李登录时可以连接两台共享打印机，而用户小王登录时只能连接一台共享打印机。

2. 设置打印池

打印池是一台逻辑打印机，它通过打印服务器的多个端口连接多台打印机，处于空闲状态的打印机可以发送到打印池的下一份文档。管理员可以通过创建打印池将用户作业自动分发到下一台可用的打印机。用户不需要检查目前哪一台打印机可以使用。

打印池不仅可以减少用户等待文档打印的时间，还可以简化管理员的管理。

具体操作步骤如下。

(1) 打开【设备和打印机】窗口，右击一台打印机，在弹出的快捷菜单中选择【打印机属性】命令。打开属性对话框，切换到【端口】选项卡。

(2) 勾选【启用打印机池】复选框，再勾选打印机所连接的端口，单击【确定】按钮，如图 6-41 所示。

图 6-40　设定用户权限

图 6-41　设置打印池

6.5 分布式文件系统(DFS)概述

分布式文件系统(DFS)是指文件系统管理的资源不一定在本计算机上,而是分布在网络中不同结点上,并且通过计算机网络相连。通过分布式文件系统,系统管理员可以将文件分散地存储到网络上的多台计算机内。但是对用户来说,这些文件好像仅存储在一个地点。也就是说,这些文件被存储在多台计算机中,用户通过 DFS 阅读文件时,DFS 就会自动给用户从其中一台计算机内读取文件,用户并不需要知道这些文件的真正存储地点在哪里。

分布式文件系统有如下特性。

(1) 容易访问文件。分布式文件系统使用户可以更容易地访问文件。即使文件可能在物理上分布于多个服务器上,用户也只需要转到网络上的一个位置即可访问文件。而且,当用户更改目标的物理位置时,不会影响用户访问文件夹。因为文件的位置看起来相同,所以用户仍然以与以前相同的方式访问文件夹。用户不再需要多个驱动器映射即可访问他们的文件。最后,计划的文件服务器维护、软件升级和其他任务(一般需要服务器脱机)可以在不中断用户访问的情况下完成。

(2) 可用性。在以后涉及的域中,分布式文件系统确保用户可以保持对文件的访问。分布式文件系统名称空间对于域中所有服务器上的用户是可见的。另外,管理员可以复制分布式文件系统的根目录和目标。这样,即使在保存这些文件的某个物理服务器不可用的情况下,用户仍然可以访问他们的文件。

(3) 文件和文件夹安全。共享的资源分布式文件系统管理使用标准 NTFS 和文件共享权限,管理员可使用以前的安全组和用户账户以确保只有授权的用户才能访问敏感数据。

(4) 服务器负载平衡。分布式文件系统的根目录可以支持物理上分布在网络中的多个目标。和所有用户都在单个服务器上以物理方式访问此文件从而增加服务器负载的情况不同,分布式文件系统可确保用户对某文件的访问分布于多个服务器。

1. DFS 基本术语

(1) DFS 命名空间(DFS Namespace):是 DFS 中共享文件夹的一组虚拟视图,用于将位于不同服务器中的共享文件夹组合在一起,并以一个虚拟文件夹的树状结构显示给客户端。DFS 命名空间有域命名空间和独立命名空间两种形式。

(2) 命名空间服务器(Namespace Server):承载命名空间的计算机,可以是独立服务器、也可以是域成员服务器或者域控制器。

(3) 命名空间根目录(Namespace Root):命名空间根目录是命名空间的起点。对于独立命名空间其名称的形式通常为"\\计算机名\根目录名称"。

(4) 文件夹(Folder):命名空间的文件夹是虚拟文件夹,用于映射到其他服务器的真实共享文件夹。

(5) 文件夹目标(Folder Target):各服务器的真实共享文件夹。

2. 安装 DFS

具体操作步骤如下。

(1) 打开【服务器管理器】主窗口，单击【仪表板】，选择【添加角色和功能】选项，如图 6-42 所示。

图 6-42　选择【添加角色和功能】选项

(2) 在【添加角色和功能向导】窗口中，单击【下一步】按钮。

(3) 在【选择安装类型】界面中，选中【基于角色或基于功能的安装】单选按钮，如图 6-43 所示，然后单击【下一步】按钮。

(4) 在【选择目标服务器】界面中，选中【从服务器池中选择服务器】单选按钮，安装程序会自动检测与显示这台计算机采用静态 IP 地址设置的网络连接，如图 6-44 所示，单击【下一步】按钮。

图 6-43　选择安装类型

图 6-44　从服务器池中选择服务器

(5) 在服务器角色列表中，勾选【DFS 复制】复选框和【DFS 命名空间】复选框，并选取默认的配套服务和功能，如图 6-45 所示，单击【下一步】按钮。

(6) 在【选择功能】界面中，单击【下一步】按钮。

(7) 在【确认安装所选内容】界面中单击【安装】按钮，如图 6-46 所示。

图 6-45　服务器角色

图 6-46　完成安装

3. 管理 DFS

1)　创建命名空间

(1)　打开 DFS 管理器。打开【服务器管理器】窗口，单击【文件和存储服务】并在服务器列表中对应的服务器名称上右击，选择【DFS 管理】命令，如图 6-47 所示；也可以通过【开始】|【管理工具】|DFS Management 选项，也可以打开 DFS 管理器，如图 6-48 所示。

图 6-47　选择【DFS 管理】命令

图 6-48　DFS 管理器

(2)　在 DFS 管理器控制台右侧单击【新建命名空间】链接，打开【新建命名空间向导】窗口。单击【浏览】按钮或者手动输入用于承载命名空间的服务器名称，如 server1，如图 6-49 所示。

(3)　单击【下一步】按钮，输入命名空间的名称为 Myfiles，如图 6-50 所示。

图 6-49　【新建命名空间向导】窗口　　　　　图 6-50　命名空间的名称

（4）单击【编辑设置】按钮，可以设置共享文件夹的权限，如：设置为【所有用户都具有只读权限】，如图 6-51 所示。

（5）选择要创建的命名空间类型，可以创建独立命名空间或基于域的命名空间。基于域的命名空间存储在一个或多个命名空间服务器和 Active Directory 域服务中。为了提高服务的可靠性通常选中【基于域的命名空间】单选按钮，单击【下一步】按钮即可完成创建过程，如图 6-52 所示。

图 6-51　设置共享文件夹的权限　　　　　图 6-52　【命名空间类型】界面

2）新建共享文件夹

（1）将服务器 Server2 和 Server3 登录到 Server1 所在的域中，并安装 DFS 复制组件。分别在两台服务器上创建共享文件夹 image 用于存放共享文件。

（2）在 server1 的 DFS 管理器中单击已创建的命名空间，从右侧控制台列表中选择【新建文件夹】命令，打开【新建文件夹】窗口，输入名称 Myimages，创建共享文件夹 Myimages，如图 6-53 所示。

3) 添加文件夹目标

(1) 在图 6-53 中单击【添加】按钮,在弹出的窗口中进行相关设置,然后手动输入文件夹目标的路径或通过【浏览】按钮进行选择,如图 6-54 和图 6-55 所示。文件夹目标是各服务器中共享的用于存储文件的真实文件夹,此处为 SERVER2 和 Server 中的 image 文件夹,如图 6-56 所示。

图 6-53 【新建文件夹】窗口   图 6-54 选择计算机

图 6-55 选择 SERVER2 上的共享文件夹   图 6-56 添加目标文件夹

(2) 分别添加两个路径:\\SERVER2\image 和\\SERVER3\image,单击【确定】按钮完成创建过程,如图 6-57 所示,单击【确定】按钮完成创建过程。

4) 创建复制组

每个共享文件夹可以添加多个"文件夹目标",在图 6-57 中单击【确定】按钮后,将弹出【复制】对话框,如图 6-58 所示,询问是否创建复制组。如果不创建,以后也可以通过 DFS 管理控制台左侧【复制】功能项继续创建。复制组可用于在多个服务器之间同步数据，使得文件共享服务具有更高的可靠性。但是复制组只能在"基于域模式的命名空间"下创建，如果此处是独立命名空间，创建复制组时将会失败。

图 6-57　完成添加目标文件夹

图 6-58　是否创建复制组

如果此时单击【是】按钮，将打开【复制文件夹向导】窗口，随后将弹出错误提示对话框，如图 6-59 所示，由于是独立命名空间所以不能创建复制组，因而不能在多台服务器之间同步数据。所以独立命名空间的共享文件夹一般只添加一个"文件夹目标"即可。如果只添加一个"文件夹目标"，单击【确定】按钮后将不会弹出复制组创建向导。

图 6-59　错误提示框

如果在域模式下就可以完成复制组任务。

具体操作步骤如下。

(1) 在图 6-58 中，单击【是】按钮进行创建复制组，随后将打开【复制文件夹向导】窗口，如图 6-60 所示。

(2) 选择包含要复制到其他文件夹目标的内容服务器，如图 6-61 所示，此服务器称为主要成员，可以根据需要自行指定。

图 6-60 【复制文件夹向导】窗口   图 6-61 主要成员

(3) 选择成员之间的连接拓扑,这里可以选择交错结构,如图 6-62 所示。

图 6-62 设置连接拓扑

(4) 选择默认情况下,用于复制组中所有新连接的复制计划和带宽,这里选择使用指定的带宽连续复制,如图 6-63 所示,以便使得所有服务器上的文件始终保持同步。

图 6-63 选择复制计划和带宽

(5) 单击【创建】按钮，完成复制组的创建，如图 6-64 所示，随后在弹出的【复制延迟】对话框单击【确定】按钮即可。

图 6-64　完成复制组创建

5) 删除命名空间

如果命名空间已经不再继续使用，可以通过以下方法将命名空间及共享文件夹进行删除，如图 6-65 所示。

图 6-65　删除命名空间

方法一：在【DFS 管理控制台】中，右击命名空间的名称并选择【删除】命令。

方法二：在【DFS 管理控制台】中，选中命名空间的名称，在右侧操作列表中选择【删除】选项。

在弹出的对话框中单击【是】按钮，即可删除该命名空间及其所有文件夹。

4. 访问测试

在任何一台客户机上打开【运行】窗口，输入"\\Server1"访问 Server1 上的共享文件夹，可以查看到存放于服务器上的共享文件，如图 6-66 所示。

图 6-66　访问共享文件

在 Server 2 本地共享文件夹里添加文件 Server 2.txt，可以看到该文件立刻被同步到 Server 3 的本地文件夹中，同样在 Server 3 上添加的文件也可以被同步到 Server 2 中，表明系统中文件复制成功。从任意客户机访问 Server 1 的共享文件，发现可以查看到所有共享的文件，如图 6-67 所示。

图 6-67　增加的共享文件

当 Server 2 和 Server 3 任何一台服务器发生故障时，由于另一台机器工作正常，可以保证文件共享服务不会中断。我们可以通过禁用其中一台服务器的网卡模拟这种情况，从客户机访问 Server1 文件共享服务，发现所有文件仍能正常访问，这表明 DFS 具有很高的可用性。

6.6　实　践　训　练

6.6.1　任务 1：设置 NTFS 权限

任务目标： 为文件设置有效的访问权限。

包含知识： NTFS 的应用。

实施过程：

(1)　创建用户 userA 本地用户组 localA，将用户 userA 加入到本地用户组 localA。

(2)　在 E 分区创建文件 f1.txt 和文件夹 docmentA。

(3)　设置文件 f1.txt 和文件夹 docmentA 的 NTFS 权限。

(4)　为本地用户组 localA 设置特别权限和应用范围。

(5)　以管理员身份登录，分别在同一分区内和不同分区间复制、移动文件 f1.txt。

常见问题解析：

设置 NTFS 权限时须注意的问题如下。

● 只有在 NTFS 卷上才提供 NTFS 权限。

● 只有 Administrators 组内的成员、文件和文件夹的所有者、具备完全控制权限的用户，才有权设置和更改这个文件或文件夹的 NTFS 权限。

● 当用户对文件夹设置权限后，在该文件夹中创建的新文件和子文件夹将自动默认继承这些权限，从上一级继承下来的权限是不能直接修改的，只能在此基础上添加其他权限，即不能把权限取消，只能添加新的权限。且灰色的框为继承的权限，不能修改，而白色的框是可以添加的权限。

6.6.2　任务 2：设置文件夹共享

任务目标：设置共享文件夹，为不同共享名设置不同的共享权限。

包含知识：共享文件夹的概念和使用。

实施过程：

(1)　在 E 分区创建准备共享的文件夹 docmentB。

(2)　分别用共享名 BB1 和 BB2 共享该文件夹。

(3)　为不同共享名设置不同的共享权限。

(4)　分别通过【运行】对话框、【网上邻居】窗口和【映射网络驱动器】方式访问共享文件夹。

常见问题解析：

(1)　Windows Server 2012 操作系统只允许共享文件夹，不能共享单个的文件。

(2)　在 Windows Server 2012 系统环境中，有如下要求。

● 具备创建文件夹共享的用户必须是 Administrators、Server Operators 或 Power Users 内置组的成员。

● 如果该文件夹位于 NTFS 卷中，该用户必须对被设置的文件夹具备"读取"的 NTFS 权限。

(3)　Windows Server 2012 系统内有许多自动建立的隐藏共享文件夹，如每个磁盘分区都被默认设置为隐藏共享文件夹。这些隐藏的磁盘分区共享是 Windows Server 2012 出于管理的目的设置的，不会对系统和文件的安全造成影响。

6.6.3　任务 3：创建 DFS

任务目标：创建独立命名空间。

包含知识：DFS 的初步概念。

实施过程：

(1) 在本地服务器(Server1)上创建一个共享文件夹"本地文件夹"。

(2) 在远程服务器(Server2)上创建一个共享文件夹"远程文件夹"。

(3) 在本地服务器(Server1)上创建独立命名空间"我的共享"。

(4) 为"我的共享"创建一个共享文件夹，名称为"我共享的本地文件"。

(5) 为"我的共享"创建一个共享文件夹，名称为"我共享的远程文件"。

(6) 为"我共享的本地文件"添加文件夹目标，指向 Server1 本地共享文件夹"本地文件夹"。

(7) 为"我共享的远程文件"添加文件夹目标，指向 Server2 远程共享文件夹"远程文件夹"。

(8) 测试 DFS①：在客户机上访问服务器(Server1)上的共享文件。

(9) 测试 DFS②：从客户机上向共享文件夹中添加一个文件，从本地服务器(Server1)和远程服务器(Server 2)上分别查看文件夹中的文件状态。

常见问题解析：独立命名空间不可以创建复制组，无法进行文件同步。创建命名空间需要设置好相关访问权限。

6.6.4 任务 4：安装与管理共享打印机

任务目标：安装打印机，管理打印驱动程序和打印服务器。

包含知识：共享打印机、打印驱动程序和打印服务器的使用。

实施过程：

(1) 安装本地打印机。

(2) 安装网络打印机。

(3) 管理打印驱动程序：更新打印驱动程序、设置打印默认值、设置打印时间和管理打印文档等。

(4) 管理打印服务器：设置打印优先级、设置打印池。

常见问题解析：安装打印机需要注意如下问题。

● 选择打印机所连接的计算机端口时，如果打印机采用 USB 端口来连接计算机，则需要有专门的打印机安装程序。

● 网络打印机是通过网络适配器实现与计算机的连接，因此无法使用计算机上的并口或串口来连接网络打印机。

● Windows 默认安装打印机的驱动程序能确保设备可以工作，但该程序有时无法发挥打印机的全部功能，所以更新打印机驱动程序是排除故障和增加打印机功能的最佳方法之一。

6.7　习　　题

1. 选择题

(1) 使用(　　)程序可以把 FAT32 格式的分区转化成 NTFS 分区，并且用户文件不会损坏。

　　A. convert.exe　　B. cmd.exe　　　　C. config.exe　　D. change.exe

(2) 通过【网上邻居】不能访问隐藏资源的共享文件夹，它的共享名最后一个字符是(　　)。

　　A. *　　　　　　B. $　　　　　　　C. ?　　　　　　D. %

(3) 下列哪个操作保证某个特定用户在使用网络打印机时优先？(　　)

　　A. 设置"打印时间"　　　　　　　B. 设置"打印池"

　　C. 设置"打印优先级"　　　　　　D. 设置"打印重定向"

(4) 在 NTFS 文件系统中，对一个文件夹先后进行如下设置：先设置为读取，后又设置为写入，再设置为完全控制，则最后该文件夹的权限类型是(　　)。

　　A. 读取　　　　B. 写入　　　　　C. 读取、写入　　D. 完全控制

(5) 在以下文件系统类型中，能使用文件访问许可权的是(　　)。

　　A. FAT　　　　B. EXT　　　　　C. NTFS　　　　D. FAT32

(6) 共享文件夹权限有(　　)。

　　A. 读取　　　　B. 更改　　　　　C. 完全控制　　　D. 以上都是

2. 思考题

(1) NTFS 文件系统的特性有哪些？

(2) 为什么设置共享文件夹？

(3) 什么是 DFS？如何进行设置？

(4) 分别简述安装本地打印机和网络打印机的过程。

第 7 章　DHCP 服务的创建与配置

学习提示

DHCP 服务是日常应用比较多的一项服务。当一个网络系统中已经配置有 DHCP 服务器时，如果每个客户计算机设成自动获取 TCP/IP 参数且能和 DHCP 服务器通信的话，将会立即自动地被 DHCP 服务器分配包括 IP 地址、子网掩码、默认网关及 DNS 服务器的 IP 等信息。这样既方便了系统对 IP 资源的统一管理，又提高了系统的管理效率。本章结合具体实例，按照工作过程，介绍了如何正确创建、配置和应用 DHCP 服务，是网络操作系统中的一项基本技能。

学习目标

使读者学会在 Windows Server 2012 中正确创建、配置和应用 DHCP 服务、配置 DHCP 客户端的方法，并能排除 DHCP 服务器工作过程中的常见故障。

7.1　DHCP 概述

一台计算机要接入到 Internet，必须具备 IP 地址、子网掩码、缺省网关、DNS 服务器等 TCP/IP 协议参数，这些参数管理员可以自己设置。但是，假如计算机数量比较多，TCP/IP 参数设置任务量就非常大，而且可能导致设置错误或者 IP 冲突。采用 DHCP 服务器来自动分配 TCP/IP 参数，可以大大减轻管理员的劳动强度，并且确保每台计算机能够得到一个合适的不会冲突的 IP 地址，而且很多非专业人士不一定会自己设置 TCP/IP 参数。因此，通过 DHCP 服务来自动分配 TCP/IP 参数，在网络应用中就非常重要。

7.1.1　DHCP 服务的基本概念

DHCP 即动态主机配置协议(Dynamic Host Configuration Protocol)，它是提供主机 IP 地址的动态租用配置、并将其他配置参数分发给合法网络客户端的 TCP/IP 服务协议。DHCP 提供了安全、可靠、简便的 TCP/IP 网络配置，能避免地址冲突，并且有助于保留网络上客户端 IP 地址的使用。DHCP 使用客户端/服务器模型，通过这种模式，DHCP 服务器集中维持网络上使用的 IP 地址的管理。然后，支持 DHCP 的客户端就可以向 DHCP 服务器请求和租用 IP 地址，作为它们网络启动过程的一部分。

7.1.2　DHCP 服务的工作过程

DHCP 的工作过程大致可以分为以下四个步骤(见图 7-1)。

第一步，DHCP 客户端寻找服务器。当 DHCP 客户端第一次登录网络的时候，也就是客户发现本机上没有任何 IP 数据设定，它会向网络发出一个 DHCP-Discover 封包。因为客户端还不知道自己属于哪一个网络，所以封包的来源地址会为 0.0.0.0，而目的地址则为 255.255.255.255，然后再附上 DHCP Discover 的信息，向网络进行广播。在 Windows 的预设情形下，DHCP Discover 的等待时间预设为 1 秒，也就是当客户端将第一个 DHCP Discover 封包送出去之后，在 1 秒之内没有得到响应的话，就会进行第二次 DHCP Discover 广播。若一直得不到响应的情况下，客户端一共会有 4 次 DHCP Discover 广播(包括第一次在内)，除了第一次会等待 1 秒之外，其余 3 次的等待时间分别是 9 秒、13 秒、16 秒。如果都没有得到 DHCP 服务器的响应，客户端则会显示错误信息，宣告 DHCP Discover 的失败。之后，基于使用者的选择，系统会在 5 分钟之后再重复一次 DHCP Discover 的过程。

图 7-1　DHCP 工作过程

　　第二步，提供 IP 租用地址。当 DHCP 服务器监听到客户端发出的 DHCP Discover 广播后，它会从那些还没有租出的地址范围内，选择最前面的空闲 IP，连同其他 TCP/IP 参数，发给客户端一个 DHCP Offer 封包。由于客户端在开始的时候还没有 IP 地址，所以在其 DHCP Discover 封包内会带有其 MAC 地址信息，并且有一个 XID 编号来辨别该封包，DHCP 服务器响应的 DHCP Offer 封包则会根据这些资料传递给要求租约的客户。根据服务器端的设定，DHCP Offer 封包会包含一个租约期限的信息。

　　第三步，接受 IP 租约。如果客户端收到网络上多台 DHCP 服务器的响应，只会挑选其中一个 DHCP Offer(通常是最先抵达的那个)，并且会向网络发送一个 DHCP Request 广播封包，告诉所有 DHCP 服务器它将指定接受哪一台服务器提供的 IP 地址。同时，客户端还会向网络发送一个 ARP 封包，查询网络上面有没有其他机器使用该 IP 地址；如果发现该 IP 已经被占用，客户端则会送出一个 DHCP-Declient 封包给 DHCP 服务器，拒绝接受其 DHCP Offer，并重新发送 DHCP Discover 信息。事实上，并不是所有 DHCP 客户端都会无条件接受 DHCP 服务器的 Offer，尤其这些主机安装有其他 TCP/IP 相关的客户软件。客户端也可以用 DHCPRequest 向服务器提出 DHCP 选择，而这些选择会以不同的号码填写在 DHCP OptionField 里面。换句话说，在 DHCP 服务器上面的设定，未必是客户端全都接受，客户端可以保留自己的一些 TCP/IP 设定。而主动权永远在客户端这边。

第四步，租约确认。当 DHCP 服务器接收到客户端的 DHCP Request 之后，会向客户端发出一个 DHCP-ACK 响应，以确认 IP 租约的正式生效，也就结束了一个完整的 DHCP 工作过程。

7.2　DHCP 服务的安装与配置

7.2.1　DHCP 服务的安装

DHCP 服务可以实现 IP 地址的管理与分配，局域网内可以在一台 Windows Server 2012 服务器上安装"DHCP 服务器"角色和功能，让该服务器称为 DHCP 服务器。Windows Server 2012 默认安装后，如果没有安装 DHCP 服务，则可以通过【开始】里的【服务器管理器】来安装。

需要注意：DHCP 服务器必须使用静态 IP 地址。

具体安装过程如下。

(1) 在【服务器管理器】对话框中选择【添加角色和功能】，单击【下一步】按钮，选中如图 7-2 所示的【基于角色或基于功能的安装】单选按钮，单击【下一步】按钮。

图 7-2　基于角色或基于功能的安装

(2) 选中如图 7-3 所示的【从服务器池中选择服务器】单选按钮，单击【下一步】按钮。

102

图 7-3　从服务器池中选择服务器

(3)　勾选【DHCP 服务器】复选框后，在弹出的【添加角色和功能向导】界面中单击如图 7-4 所示的【添加功能】按钮，添加 DHCP 服务器管理功能，完成后单击【下一步】按钮到确认界面，单击如图 7-5 所示的【安装】按钮即开始安装，等待一段时间即可完成 DHCP 服务器角色和功能的添加。安装完成后就可以对 DHCP 进行配置了。

图 7-4　添加功能

图 7-5　安装

7.2.2　DHCP 服务器的配置

DHCP 的配置一般需要做如下工作。

(1)　安装 DHCP 服务完毕后，再选择【开始】|【服务器管理】|【工具】| DHCP 命令，可以打开配置 DHCP 服务的窗口，如图 7-6 所示。

(2)　如果是在 Active Directory(活动目录)域中部署 DHCP 服务器，还需要进行绑定才能使 DHCP 服务器生效，如果没有绑定，须选中 DHCP 并单击鼠标右键，如图 7-7 所示，选择【添加/删除绑定】命令。

图 7-6　安装完成后 DHCP 服务管理窗口

(3)　在图 7-8 所示的界面中选中需要绑定的 IP 和接口信息(需要先设置服务器的静态 IP 地址)，单击【确定】按钮。完成授权后出现如图 7-9 所示的窗口。

图 7-7　添加/删除绑定(1)

图 7-8　添加/删除绑定(2)

(4)　经过授权的 DHCP 服务器上可以新建作用域(所谓作用域是服务器可以给客户端分配的 IP 地址范围)，如图 7-10 所示，选中 DHCP 服务器名下的 IPv4 并单击鼠标右键，在弹出的快捷菜单中选择【新建作用域】命令。

图 7-9　授权后的 DHCP 服务器

图 7-10　选择【新建作用域】命令

(5)　弹出【新建作用域向导】对话框，单击【下一步】按钮，进入【作用域名称】界面，作用域名称和描述可根据实际情况自己确定，如图 7-11 所示。在图 7-12 所示的界面中，可以设定作用域的地址范围，如 192.168.0.100～192.168.0.150 共 51 个 IP 地址，子网掩码为 255.255.255.0 即 24 位网络位。一个网段内，可以用部分地址作为自动分配的地址，部分地址可以留着做静态分配。

图 7-11　作用域名称

图 7-12　作用域地址范围

(6)　在上述 51 个 IP 地址空间的作用域里，还可以指定一些不往外分配的 IP 地(即排除地址)，如图 7-13 所示的添加排除，把 192.168.0.110～192.168.0.112 这 3 个 IP 排除出去，不往外分配。

(7)　DHCP 自动分配的 IP 地址等参数，不是永久性分配给一台主机，相当于租借这些 TCP/IP 参数给客户端主机，是有时间限制的，租约期限默认是 8 天，也可以按图 7-14 所示设置。

图 7-13　添加排除地址　　　　　　　　图 7-14　设定租约期限

(8) 单击【下一步】按钮，向导提示管理员为作用域配置 DHCP，如图 7-15 所示。选择确认后单击【下一步】按钮继续。

提示：DHCP 服务进行到此，已经可以给客户端分配 IP 地址和子网掩码了，一台计算机有了 IP 地址和子网掩码后可以在局域网范围内互相通信，但是要想和其他局域网或 Internet 互联，还需要配置默认网关和 DNS 服务器，这些须在 DHCP 选项里配置。

(9) 进入如图 7-16 所示的界面，配置路由器(默认网关)的目的是为客户端主机连接其他局域网或者 Internet 设置出口地址。网关地址一般需要和客户端在同一逻辑网段内。

图 7-15　配置 DHCP 选项　　　　　　　图 7-16　添加默认网关

(10) 要想用域名访问 Internet 中的网站服务器，必须用 DNS 服务器来实现域名解析，所以有必要设置 DHCP 服务中的域名称和 DNS 服务器 IP 地址，如图 7-17 所示，单击【下一步】按钮。

(11) WINS 服务是为了将 NetBIOS 计算机名称转换为 IP 地址的一种服务，DHCP 服务选项中也包含 WINS 服务的配置，如图 7-18 所示，单击【下一步】按钮。

高职高专计算机实用规划教材——案例驱动与项目实践

图 7-17　添加 DNS 服务器

图 7-18　添加 WINS 服务器

(12) 进入如图 7-19 所示的界面，激活作用域。向导提示完成作用域创建，如图 7-20 所示。

图 7-19　激活作用域

图 7-20　完成新建作用域

到此，DHCP 服务配置完毕。配置完的 DHCP 窗口如图 7-21 所示，图中右窗格中所示的作用域 192.168.0.0 就是能够给客户端分配 IP 地址的空间。

图 7-21　创建好作用域的 DHCP 窗口

7.2.3　DHCP 客户端配置

一般而言，在没有路由器配置 DHCP 中继代理的情况下，一台计算机和 DHCP 服务器须在同一网段内，即能在 OSI 模型的数据链路层上通信，才可以作为 DHCP 的客户端，向 DHCP 服务器申请到 TCP/IP 参数。

DHCP 客户端配置相对比较简单。在桌面右击【网络】，在弹出的快捷菜单中按顺序分别选择【属性】｜【更改适配器设置】命令，然后右击 Ethernet1，如图 7-22 所示，在弹出的快捷菜单中选择【属性】命令。

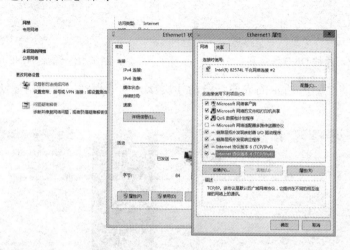

图 7-22　【本地连接 属性】对话框

打开【Ethernet1 属性】对话框，在【网络】选项卡中选中【Internet 协议版本 4(TCP/IPv4)】项目，单击【属性】按钮，打开如图 7-23 所示的【Internet 协议版本 4(TCP/IPv4) 属性】对话框，切换到【常规】选项卡中选中【自动获得 IP 地址】单选按钮和【自动获得 DNS 服务器地址】单选按钮，单击【确定】按钮，即完成客户端的配置。Windows7 客户端配置略有不同，过程基本相似。

图 7-23　配置自动获取 IP 地址及 DNS 服务器

网络没有其他问题，客户端即可获取 IP 地址、默认网关、DNS 等 TCP/IP 参数。客户端是否获取 IP 地址等 TCP/IP 参数，选择【开始】|【运行】命令，在打开的对话框中输入 cmd，在 DOS 窗口的命令提示符下输入 ipconfig 命令，即可看到 IP 地址、子网掩码、默认网关等信息，如图 7-24 所示。

图 7-24　ipconfig 命令

这个命令还可以加参数：ipconfig /all 将显示全部的 TCP/IP 参数，如图 7-25 所示。

图 7-25　ipconfig /all 命令

当 DHCP 服务器不存在或者没有正确获取到 IP 地址时，通过 ipconfig 命令可以看到一个 169.254.0.0./16 网段里的一个地址，169.254.0.0./16 这一地址是 Microsoft Windows 的 APIPA 预留的网段地址：169.254.0.1～169.254.255.254。

客户端上还可以使用 ipconfig/release 命令来主动释放一个租借的地址，还可以用 ipconfig/renew 重新获取一个新的 IP 地址。

7.3 实 践 训 练

【任务】假定服务器 IP 为 192.168.8.1，拟供分配的 IP 空间为 192.168.8.0/25，其中要排除的 IP 地址为 192.168.8.100，网关为 192.168.8.110，DNS 为 192.168.0.250，其他可按默认配置。完成 DHCP 的安装、配置及管理。

任务目标： 熟练完成 DHCP 服务的安装、配置和管理，客户端能正常使用此服务。

包含知识： DHCP 的基本理论及安装配置方法。

实施过程： 为即将作为 DHCP 服务器的计算机设定静态 IP 地址，并安装 DHCP 服务。

(1) 在 DHCP 服务器上创建新的作用域，范围为 192.168.8.1～192.168.8.126，子网掩码为 255.255.255.128，设定排除地址为 192.168.8.100。在 DHCP 服务选项里设置网关地址为 192.168.8.110，DNS 服务器地址设为 192.18.0.250，其他按默认设置。

(2) 在客户端上，设置为"自动获取 IP 地址"和"自动获取 DNS 服务器地址"。

(3) 在客户端上利用 ipconfig 命令查看确认 IP 地址。

常见问题解析：

(1) 安装 DHCP 需要注意的问题。

DHCP 服务器自身的 IP 地址、子网掩码等 TCP/IP 参数必须是静态分配的。

(2) DHCP 服务器在什么情况下需要授权？

只有运行在 Windows 2000 Server 以上域环境中的 DHCP 服务器会检查是否被授权，而运行在工作组环境中的 DHCP 服务器及 Windows NT 4.0 域环境中的 DHCP 服务器即使没有授权过程仍可正常工作。

7.4 习 题

1. 选择题

(1) 使用 DHCP 服务的好处是(   )。

    A. 降低 TCP/IP 网络的配置工作量

    B. 增加系统安全与依赖性

    C. 对那些经常变动位置的工作站 DHCP 能迅速更新位置信息

    D. 以上都是

(2) 要实现动态 IP 地址分配，网络中至少要求有一台计算机的网络操作系统中安装(   )。

    A. DNS 服务器   B. DHCP 服务器

    C. IIS 服务器   D. PDC 主域控制器

高职高专计算机实用规划教材——案例驱动与项目实践

2. 问答题

(1)　如何安装 DHCP 服务器？

(2)　简述 DHCP 的工作过程。

(3)　创建一个 DHCP 服务器，拟要分配的 IP 地址空间为 10.64.88.128/25，其中排除地址为 10.64.88.188，网关为 10.64.88.0.254，DNS 为 192.168.0.252。

第 8 章　域名解析服务(DNS)管理

学习提示

DNS 服务器为 Internet 上的计算机提供名称到地址的映射服务，实现域名解析，以方便用户使用便于记忆的域名来访问网络中的资源。要在网络中实现域名解析，就需要在网络中安装 DNS 服务器。DNS 服务器存储了完全合格域名(FQDN)到 IP 地址的映射关系，通过 DNS 服务器可以实现域名解析的扩展和映射关系的集中管理。

学习目标

通过本章的学习，要求读者掌握 Windows Server 2003 名称解析的基本概念；理解 DNS 服务器的作用和解析过程；掌握如何安装和配置 DNS 服务器。

8.1　DNS 概述

计算机在网络上通信时只能识别如 203.70.70.1 这样二进制的 IP 地址。但在实际应用中，用户很少直接使用 IP 地址来访问网络中的资源，这主要是因为 IP 地址不直观、不方便记忆，而且容易出错，所以通常使用大家都熟悉又方便记忆的计算机名称来访问网络中的资源。于是，网络中就需要有很多域名服务器(DNS)来完成将计算机名称转换为对应的 IP 地址的工作，以便实现网络中计算机的连接。可见 DNS 服务器在 Internet 中起着重要作用。

通过 DNS 服务，不但可以使用域名代替 IP 地址来访问网络服务器，使得网络服务的访问更加简单，而且还可以完美地实现与 Internet 的融合，对于一个网站的推广发布起到非常重要的作用。许多重要的网络服务的实现，也需要借助于 DNS 服务。

本节主要介绍 DNS 的基本概念及 DNS 的名称解析过程。

8.1.1　初始 DNS 服务

DNS 是域名系统(Domain Name System)的缩写，是一种组织成域层次结构的计算机和网络服务命名系统，采用客户/服务器机制，来实现名称与 IP 地址转换。DNS 命名主要用于 TCP/IP 网络，例如 Internet 网络，允许用户用层次的、友好的名字(如 www.ccidnet.com)代替枯燥而难记的 IP 地址(如 210.51.0.73)，从而很方便地定位 IP 网络中的计算机和其他资源。DNS 也是传输控制协议/网际协议(TCP/IP)网络的一个协议。当用户在应用程序中输入 DNS 名称时，DNS 服务可以将此名称解析为与之相关的其他信息，如 IP 地址。

如图 8-1 显示了 DNS 的基本使用方法，DNS 根据域名来查找其 IP 地址。

在本例中，客户机查询 DNS 服务器，请求解析 DNS 域名为 www.ccidnet.com 的计算机的 IP 地址。DNS 服务器根据其本地数据库做出应答查询，然后服务器将包含 www.ccidnet.com 对应的 IP 地址信息记录回复给客户机。一旦客户机浏览器得到该网站服务器的 IP 地址，就可以开始连接到该 Web 服务器。

图 8-1　DNS 服务的工作原理

1. 域名

Internet 提供了域名(Domain Name，DN)形式来访问每一台主机，域名也由若干部分组成，各部分之间用小数点分开，如 www.ccidnet.com，显然域名比 IP 地址好记忆多了。域名前加上传输协议信息及主机类型信息就构成了统一资源定位符(Uniform Resource Locato，URL)，如：http://www.ccidnet.com。

域名是 Internet 网络上的一个服务器或一个网络系统的名字。在全世界，没有重复的域名，域名具有唯一性。从技术上讲，域名只是一个 Internet 中用于解决地址对应问题的一种方法。

DNS 域名是一个层次非常鲜明的逻辑树结构，称为域名空间。任何域名称的结构都是由右向左解释的。域名称最右边的部分，是域名称层次结构的最高部分；而域名称的最左边部分，是域名称层次结构的最低部分。

DNS 树的每个结点代表一个 DNS 名字，可以代表 DNS 域、计算机、服务等。每个结点由一个完全正式域名(Fully Qualified Domain Name，FQDN)标识，FQDN 是 DNS 域名，能准确表示出它相对于 DNS 域树根的位置。

FQDN 有严格的命名限制，只允许使用字符 a~z、0~9、A~Z 和减号(-)。小数点(.)只允许在域名标志之间(如 ccidnet.com)或者 FQDN 的结尾使用。域名不区分大小写。

2. 域名服务

目前负责管理全世界 IP 地址的单位 InterNIC(Internet Network Information Center)，在 InterNIC 之下的 DNS 结构分为若干个域，层次型命名的过程是从树根开始向下进行，根级的域名称为顶级域名，顶级域名有两种划分方法：按地理区域划分和按机构分类划分。地理域是为每个国家或地区所设置，如中国是 cn，美国是 us，日本是 jp 等。机构分类域定义了不同的机构分类，主要包括：corn(商业组织)、edu(教育机构)、gov(政府机构)、ac(学术机构)等。

顶级域名下定义了二级域名结构，如在中国的顶级域名 cn 下又设立了 com、net、org、gov、edu 等组织机构类二级域名，以及按照各个行政区划分的地理域名如 bj(北京)、sh(上海)等。在二级域的下面所创建的域，一般由各个组织根据自己的需求与要求，自行创建和维护。主机是域名命名空间中的最下面一层。域名的层次结构可以看成一个树结构，一个完整的域名由树叶到树根的路径结点用点"."分隔而构成，如图8-2所示。例如www.bj.net.cn就是一个完全合格的域名。

图 8-2　DNS 域名空间分层结构

3. 域和区域

区域是一个用于存储单个DNS域名的数据库。它是域名空间树状结构的一部分，DNS服务器是以区域为单位来管理域名空间的。区域中的数据保存在管理它的DNS服务器中。当在现有的域中添加子域时，该子域既可以包含在现有的区域中，也可以为它创建一个新区域或包含在其他区域中。一个DNS服务器可以管理一个或多个区域，同时一个区域可以由多个DNS服务器来管理。

为了将网络管理的工作分散开来，可以将一个DNS域划分为多个区域，用于存储有关一个或多个DNS域的名称信息。每个区域都位于一个特殊的域结点，但区域并不是域。DNS域是名字空间的一个分支，而区域一般是存储在文件中的DNS名字空间的某一部分，可以包括多个域。一个域可以再分成几部分，每个部分或区域可以由一台DNS服务器控制。使用区域的概念，DNS服务器回答关于自己区域中主机的查询，它是哪个区域的授权。区域可以分为主区域和辅助区域。主区域是进行更新的区域拷贝，而辅助区域则是从主控服务器复制的区域拷贝。

例如，图8-3将域pku.microsoft.com划分为区域1和区域2，其中区域1包含子域sys.pku.microsoft.com；区域2包含pku.microsoft.com域和ser1.pku.microsoft.com子域。每个区域都存在一个区域文件，区域1的文件包含域内所有主机(host1、host2)的数据，而区域2的文件包含域内所有主机的所有数据。两个区域文件可以存放在同一个DNS服务器中，也可以分别放在不同的DNS服务器中。

高职高专计算机实用规划教材——案例驱动与项目实践

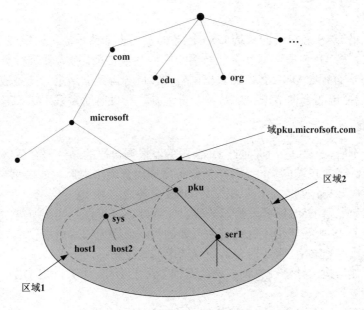

图 8-3 域与区域

用户可以配置 DNS 服务器管理一个或多个区域，这取决于用户的需要。创建多个区域，需要把管理任务分配给不同的组，提供有效的数据分配。用户也可以把区域存储在多个服务器上，以提供负载均衡和容错能力。

一个 DNS 数据库包含许多资源记录(RRs)。每一个资源记录标示数据库中的一种特定的资源。

一个 DNS 数据库包括多个区域。一个"区域"是包含域中名字到 IP 地址解析等资源记录的，是 DNS 数据库的一部分。

区域文件存储在 DNS 服务器上。一个单独的 DNS 服务器能被配置成零区域、一个区域或多个区域。每一个区域都有一个指定的域名作为这个区域的根域名。区域里包含所有以根域名结尾的域名信息。

8.1.2　DNS 域名解析过程

DNS 服务，或者叫域名服务、域名解析服务，就是提供域名与 IP 地址的相互转换。域名的正向解析是将主机名转换成 IP 地址的过程；域名的反向解析是将 IP 地址转换成主机名的过程。通常我们很少需要将 IP 地址转换成主机名，即反向解析。反向解析经常被一些后台程序使用，用户看不到。

当 DNS 客户端需要访问 Internet 上某一主机时，首先向本地 DNS 服务器查询对应的 IP 地址，如果查询失败，将继续向另外一台 DNS 服务器查询，直到解析出需要的 IP 地址，这一过程称为查询。客户端发送的每条查询消息都包括 3 条信息，用来指定服务器回答的问题：指定的 DNS 域名，规定为完全合格的域名(FQDN) ；指定的查询类型，可根据类型指定资源记录，或者指定为查询操作的专门类型；DNS 域名的指定类别，对于 Windows DNS 服务器，它始终应指定为 Internet (IN) 类别。

DNS 查询模式有 3 种：递归查询、迭代查询和反向查询。

1. 递归查询

递归查询是指 DNS 客户端向首选 DNS 服务器发出查询请求后，如果该 DNS 服务器内没有所需的数据，则 DNS 服务器就会代替客户端向其他 DNS 服务器进行查询。在递归查询中，DNS 服务器必须向 DNS 客户端做出回答，客户端得到的结果只能是成功或失败。一般由 DNS 客户端提出的查询请求，都是递归查询方式。目前通常采用递归查询方式。

2. 迭代查询

进行迭代查询时，DNS 客户机允许 DNS 服务器根据自己的高速缓存或区域数据库来做出最佳回答结果。当客户端向第一台 DNS 服务器提出查询请求后，如果第一台 DNS 服务器内没有所需要的数据，则它会提供第二台 DNS 服务器的 IP 地址给第一台 DNS 服务器，让客户端直接向第二台 DNS 服务器进行查询。它继续该过程直到找到所需的数据为止。如果直到最后一台 DNS 服务器仍没有找到所需要的数据，则通知客户端查询失败。

总结迭代查询：当 DNS 服务器有客户端请求的数据则返回正确地址，没有请求数据则返回一个指针，然后按指针继续查询。迭代查询多用于 DNS 服务器与 DNS 服务器之间的查询方式。

图 8-4 显示了迭代查询和递归查询的例子。本例中假设所有 DNS 服务器的数据库中都没有所请求的信息。在例子中，如果 DNS 客户端需要 host1.biem.cn 的 IP 地址时，会产生如下过程。

图 8-4　递归查询和迭代查询

(1) 客户机向首选 DNS 服务器发送解析 host1.biem.cn 的递归查询。服务器必须返回答案或错误消息。

(2) 首选服务器检查自己的高速缓存及数据库以寻找答案，但没有找到，所以它向 Internet 授权服务器(即根 DNS 服务器)发送解析 host1.biem.cn 的迭代查询。

(3) 根服务器不知道答案，所以返回一个指针(即.cn 域的 DNS 服务器的 IP 地址)。首选 DNS 服务器向该.cn 域服务器发送解析 host1.biem.cn 的迭代查询。

(4) .cn 域服务器不知道答案，所以它返回一个指针，指向 biem.cn 域的 DNS 服务器。

(5) 首选 DNS 服务器向 biem.cn 域服务器发送解析 host1.biem.cn 的迭代查询。

(6) 如果 biem.cn 域的 DNS 服务器知道答案，它将返回所请求的 IP 地址。

(7) 首选 DNS 服务器用 host1.biem.cn 的 IP 地址应答客户机的查询。

3. 反向查询

反向查询是依据 DNS 客户端提供的 IP 地址来查询它的主机名称。由于 DNS 名字空间中域名与 IP 地址之间无法建立直接对应关系,所以必须在 DNS 服务器内创建一个反向查询的区域,该区域名称的最后部分为 in-addr.arpa。由于反向查询会占用大量的系统资源,会给网络带来不安全,因此,一般不提供反向查询。

DNS 的工作原理及过程分为下面几个步骤。

(1) 客户机提出域名解析请求,并将该请求发送给本地的域名服务器。

(2) 当本地的域名服务器收到请求后,就先查询本地的缓存,如果有该记录项,本地的域名服务器就直接把查询的结果返回。

(3) 如果本地的缓存中没有该记录,则本地域名服务器就直接把请求发给根域名服务器,然后根域名服务器再返回给本地域名服务器一个所查询域(根的子域) 的主域名服务器的地址。

(4) 本地服务器再向上一步返回的域名服务器发送请求,然后接受请求的服务器查询自己的缓存,如果没有该记录,则返回相关的下级的域名服务器的地址。

(5) 重复第四步,直到找到正确的记录。

(6) 本地域名服务器把返回的结果保存到缓存,以备下一次使用,同时还将结果返回给客户机。

8.2　安装 DNS 服务

DNS Name Server(DNS 名称服务器,或简称 DNS 服务器)保存着域名空间中部分区域的数据。根据工作方式的不同,授权名称服务器可以分为: 主要名称服务器、辅助名称服务器、主控名称服务器和 Cache-Only 名称服务器 4 种。

除了 Internet,在一些稍具规模的局域网中,DNS 服务也都被大量采用。这是因为,DNS 服务不仅可以使网络服务的访问更加简单,而且可以更好地实现与 Internet 的融合。另外,许多重要网络服务(如 E-mail 服务)的实现,也需要借助于 DNS 服务。因此,DNS 服务可视为网络服务的基础。

8.2.1　安装前的准备

要提供 DNS 服务,整个网络至少要有一台计算机安装 Windows Server 2012 系统。但默认情况下 Windows Server 2012 系统中没有安装 DNS 服务器。所以,需要通过手动的方式安装 DNS 服务。需要注意的是,若欲使局域网的 DNS 解析能够在 Internet 生效,除了必须向域名申请机构(如新网 http://www.chinadns.com,或万网 http://www.net.cn)申请正式的域名外,还必须同时申请并注册 DNS 解析服务。另外,DNS 服务器还必须配置静态的 IP 地址、工作组或者域环境。

8.2.2 DNS 服务器的安装

将 IP 地址为 192.168.10.1 的服务器配置为 DNS 服务器，具体安装步骤如下。

(1) 打开【服务器管理器】主窗口，单击【仪表板】，选择【添加角色和功能】，如图 8-5 所示。

图 8-5　添加角色和功能

(2) 在【添加角色和功能向导】窗口中，单击【下一步】按钮。在【选择安装类型】界面中，选择【基于角色或基于功能的安装】，然后单击【下一步】按钮。

(3) 进入【选择目标服务器】窗口，选中【从服务器池中选择服务器】单选按钮，安装程序会自动检测与显示这台计算机采用静态 IP 地址设置的网络连接，单击【下一步】按钮。

(4) 在服务器角色列表中，勾选【DNS 服务器】复选框，并选取默认的配套服务和功能，如图 8-6 所示，单击【下一步】按钮。

(5) 在如图 8-7 所示的【选择功能】界面中，选择要安装在服务器上的一个或多个功能，单击【下一步】按钮。

图 8-6　服务器角色

图 8-7　选择功能

(6) 在【DNS 服务器】窗口中单击【下一步】按钮。

(7) 确认安装，开始安装 DNS 服务器，如图 8-8 所示。

高职高专计算机实用规划教材——案例驱动与项目实践

图 8-8　安装 DNS 服务

(8) DNS 服务器角色安装完成后，单击【关闭】按钮。在【服务器管理器】窗口中会增加 DNS 服务，如图 8-9 所示。

图 8-9　DNS 服务

安装成功后，选择【管理工具】|DNS 命令，启动 DNS 管理控制台，如图 8-10 所示，就可以对 DNS 服务器进行配置了。

图 8-10　DNS 管理器

注意：如果要将计算机配置成用于 Active Directory 的 DNS 服务器，可以启动 Active

Directory 安装向导，在安装 Active Directory 之后，再自动安装并配置 DNS 服务器。

8.2.3 DNS 服务器安装的验证

可以通过以下 3 种方法来验证该服务器是否成功安装了 DNS 服务。

(1) 如果 DNS 服务安装成功，在%systemroot%\system32 目录下会自动创建一个 dns 的文件夹，其中包含 DNS 区域数据库文件和日志文件等 DNS 相关文件，如图 8-11 所示。

图 8-11　DNS 本地相关文件

(2) 查看服务。

DNS 服务器安装成功后，会自动启动 DNS 服务，通过服务器管理器中的【工具】菜单打开【服务】，可以看到已经启动的 DNS 服务，如图 8-12 所示。

图 8-12　在【服务】管理控制台中查看 DNS 服务

(3) 打开命令提示窗口，执行 net start 命令，将列出当前启动的所有服务，在其中也能查看到已启动的 DNS 服务，如图 8-13 所示。

图 8-13　使用 net start 命令查看 dns 服务

8.3　DNS 服务器的配置与管理

网络中安装完 DNS 服务后，需要对其进行必要的配置，才能为 DNS 客户端提供服务。Windows Server 2012 中提供的 DNS 管理器是用来配置和管理 Windows 2012 DNS 服务器的主要工具，可以在【管理工具】中选择 DNS 命令来启动它。

8.3.1　选择新的 DNS 服务器

在 Windows Server 2012 系统中，默认情况下，当管理员打开 DNS 控制台后，本地 DNS 服务器将被自动加入到 DNS 控制台中，如图 8-10 所示。也可以将其他 DNS 服务器添加到 DNS 控制台列表中。

具体操作步骤如下。

(1) 在 DNS 控制台窗口中，选择【操作】|【连接 DNS 服务器】命令，打开【连接到 DNS 服务器】对话框，如图 8-14 所示。

图 8-14　【连接到 DNS 服务器】对话框

(2) 如果用户要在本机上运行 DNS 服务，选中【此计算机】单选按钮。如果不在本机上运行 DNS 服务,选中【下列计算机】单选按钮,然后在【下列计算机】后面的文本框中输入要运行 DNS 服务的计算机的名称。

(3) 如果要立即与某台计算机进行连接,勾选【立即连接到指定计算机】复选框。

(4) 单击【确定】按钮,返回到 DNS 控制台窗口,这时在控制台目录树中将显示代表 DNS 服务器的图标和计算机的名称,如图 8-10 所示。

注意:如果新的 DNS 服务器被加上红色字符"×",则表明 DNS 控制台不能与指定服务器上的 DNS 服务相连接,关于产生的错误类型的详细信息,在 DNS 控制台窗口的右窗格中显示出来,如图 8-15 所示。

图 8-15　DNS 控制台

8.3.2　添加正向搜索区域

配置 Windows Server 2012 DNS 服务器的第一个步骤,是决定 DNS 区域的结构。DNS 的数据是以区域为管理单位的。前面已经介绍了区域的相关知识。一台 DNS 服务器可以管理多个区域。因此,必须先建立区域。区域数据库文件名默认为区域名,以 dns 为扩展名。

当初次启动 DNS 管理器并且连接到了一个 DNS 服务器之后,该服务器的图标下面就会自动创建两个文件夹:正向查找区域和反向查找区域,但是它们的内容都是空的。

在大多数 DNS 查询中,客户计算机通常要执行正向搜索,即把名字解析成 IP 地址的过程。要实现正向搜索,首先要创建正向搜索区域。

创建正向搜索区域的操作可以在 DNS 管理器中进行。

具体操作步骤如下。

(1) 在【DNS 管理器】窗口中,右击【正向查找区域】,在弹出的快捷菜单中选择【新建区域】命令,如图 8-16 所示。打开【欢迎使用新建区域向导】对话框,如图 8-17 所示。

图 8-16　选择【新建区域】命令　　　　图 8-17　新建区域向导

(2) 单击【下一步】按钮，打开【区域类型】界面，如图 8-18 所示。Windows Server 2012 允许创建 3 种类型的 DNS 区域，分别为主要区域、辅助区域和存根区域。

图 8-18　选择要创建的区域类　　　　图 8-19　输入区域名称

- 主要区域：是新区域中的主副本。当在 DNS 服务器创建主要区域后，就可以直接在该区域添加、修改或删除记录，区域内的记录存储在文件夹 AD 数据库中。
- 辅助区域：是从某一个主要区域复制而来的区域副本。辅助区域是只读的，不能进行添加、修改和删除等操作，仅仅能提供域名解析。辅助区域可作为 DNS 服务器的备份和容差。创建辅助区域必须先创建并配置主要区域。
- 存根区域：存根区域也是存储副本。但与辅助区域不同，存根区域中只包含少数记录，主要有名称服务器(NS)、起始授机构(SOA)和主机(A)记录。含有存根区域的服务器对该区域没有管理权。

如果要创建新的区域，应该选中【主要区域】单选按钮，如图 8-18 所示。

(3) 单击【下一步】按钮，进入【区域名称】界面，如图 8-19 所示。在【区域名称】文本框中输入 biem.com。

(4) 单击【下一步】按钮，进入【区域文件】界面，如图 8-20 所示，创建 DNS 文件，该文件的默认名为"区域名称.dns",放在计算机的%systemroot%\system32\dns目录下。

图 8-20　创建一个新区域文件

(5) 在【动态更新】界面中,选中【不允许动态更新】单选按钮,如图 8-21 所示。

图 8-21　选择是否动态更新

在此可指定该 DNS 区域是接受安全、不安全或非动态的更新,允许动态更新可以让系统自动地在 DNS 中注册有关信息,在实际应用中比较有用。

- 只允许安全的动态更新(适合 Active Directory 使用): 只有在安装了 Active Directory 集成的区域才能使用该项。
- 允许非安全和安全动态更新: 如果允许任何客户端都可接受资源记录的动态更新,可选择该项; 但由于可以接受来自非信任源的更新,则选择此项可能会不安全。
- 不允许动态更新: 是指此区域不接受资源记录的动态更新,使用该项比较安全。

此处选中【不允许动态更新】单选按钮,不接受资源记录的动态更新,以后使用安全的手动方式更新 DNS 记录。

(6)　单击【完成】按钮。结束正向区域的创建工作，新建的正向区域如图 8-22 所示。

图 8-22　完成新建区域

创建辅助区域的过程与创建主要区域的过程类似，不过在选择类型的时候，需要选取"辅助区域"。而且，在创建辅助区域时，会出现一个对话框，让指定标准主要区域，因为辅助区域需要从主要区域中获得名字与 IP 地址对应的数据。可以为辅助区域添加多个主要区域，然后按服务器被联络的顺序排列它们。辅助区域不需要像主要区域一样，选择动态更新的类型。

注意：正向搜索区域支持正向搜索。用户至少配置一个正向搜索区域，DNS 服务才能工作。

如前所述，在一台 DNS 服务器上可以提供多个域名的 DNS 解析，因此可以利用同样的方法创建多个 DNS 区域。

新创建的正向搜索区域中还没有保存主机名和 IP 地址的映射关系(正向区域中无记录)，因此还不能向客户端提供名称解析服务。这需要管理员手动去添加主机名与 IP 地址对应的记录。

8.3.3　添加反向搜索区域

反向搜索是把 IP 地址解析成名字的过程。在网络中，大部分 DNS 搜索都是正向搜索，而反向搜索区域并不是必要的，只是在某些应用时起作用。通常是故障搜索工具使用反向搜索方式，来获得主机的名字。

DNS 提供了反向搜索功能，可以让 DNS 客户端通过 IP 地址来查询其主机名称。

具体操作步骤如下。

(1)　在 DNS 管理控制台中右击【反向查找区域】，在弹出的快捷菜单中选择【新建区域】命令，打开【新建区域向导】对话框。

(2)　单击【下一步】按钮，进入【区域类型】界面，选中【主要区域】单选按钮。

(3)　单击【下一步】按钮，进入【反向查找区域名称】界面，选择是否为 IPv4 地址或

IPv6 地址创建反向查找区域，这里选中【IPv4 反向查找区域】单选按钮，如图 8-23 所示。

(4) 单击【下一步】按钮，输入网络 ID：192.168.0。

图 8-23　选中【IPv4 反向查找区域】单选按钮

这是为需要进行地址到名称转换的反向查找区域指定信息，在此输入 IP 地址。例如：IP 地址为 192.168.0.102，则 192.168.0 网络内的所有反向查找查询都在这里被解析；而反向区域名称的前面半部分默认为网络 ID 的反向书写，而后半部分必须是 in-addr.arpa。in-addr.arpa 是 DNS 标准中为反向查找定义的特殊域，并保留在 Internet DNS 名称空间中，以便切实可靠地执行反向查询。例如，192.168.0 网络的反向查找区域名称为：0.168.192.in-addr.arpa。当输入"网络 ID"时，"反向查找区域名称"是自动获得的，如图 8-24 所示。

图 8-24　输入反向查找区域名称

(5) 单击【下一步】按钮，创建 DNS 文件，如图 8-25 所示，该文件的默认名为 0.168.192.in-addr.arpa.dns。该文件存放在计算机的%systemroot%\system32\dns 目录中。

图 8-25　创建区域文件

(6)　单击【下一步】按钮，打开【动态更新】界面，选择动态更新类型，再单击【完成】按钮即可。

此处建议选择【不允许动态更新】类型，以减少来自网络的攻击。

8.3.4　在区域中添加资源记录

对于一个较大的网络，可以在区域内划分多个子区域，为了与域名系统一致也称为域(Domain)。例如：一个校园网中，计算机系有自己的服务器，为了方便管理，可以为其单独划分域，如增加一个 jsj 域，实际上子域和原来的域是共享原来的 DNS 服务器，也可以在这个子域下添加主机记录以及其他资源记录(如别名记录等)。

如何创建域？

具体操作步骤如下。

(1)　首先选择要划分子域的区域，如 biem.com，右击，在弹出的快捷菜单中选择【新建域】命令，如图 8-26 所示，在打开的【新建 DNS 域】对话框中输入域名 jsj，单击【确定】按钮完成操作，如图 8-27 所示。

图 8-26　新建子域

图 8-27　输入域名

(2)　在 biem.com 下面出现 jsj 域，如图 8-28 所示。

图 8-28　完成域的创建

新的区域创建后，"域服务管理器"会自动创建起始机构授权、名称服务器记录。除此之外，DNS 数据库还包含其他资源记录，用户可自行向主区域或域中进行添加。虽然有许多不同类型的 DNS 记录，但大多数类型并不常用。下面先介绍常见的资源记录类型。

①　起始授权机构，SOA(Start Of Authority)：每个区域在开始处都包含 SOA 资源记录，该记录表明 DNS 名称服务器是 DNS 域中的数据表的信息来源，该服务器是主机名称的管理者，创建新区域时，该资源记录自动创建，负责把域名解析成主机名，而且是该区域中的第一条记录。例如把 biem.com 解析成 DNS-ser.biem.com。

②　名称服务器，NS(Name Server)：该记录表示本区域的授权服务器，为 DNS 域标识 DNS 名称服务器，该资源记录出现在所有 DNS 区域中。创建新区域时，该资源记录自动创建。

③　主机地址，A(Address)：该资源记录将主机名映射到 DNS 区域中的一个 IP 地址。A 记录代表了网络中的一台计算机或一个设备，是最常见且使用最频繁的记录类型。例如，主机名 www.biem.com 解析成 IP 地址 192.168.10.10。

④　指针 PTR(Point)：该资源记录与主机记录配对，可将 IP 地址映射到 DNS 反向区域中的主机名。

⑤　邮件交换器资源记录 MX(Mail Exchange)：为 DNS 域名指定了邮件交换服务器。在网络存在 E-mail 服务器，需要添加一条 MX 记录对应 E-mail 服务器，以便 DNS 能够解析 E-mail 服务器地址。若未设置此记录，E-mail 服务器无法接收邮件。

⑥　别名 CNAME(Canonical Name)：CNAME 记录是主机的另一个名字，即把一个主机名解析成另一个主机名。管理员可以用别名记录来隐藏用户网络的实现细节。例如，将 www.biem.com 解析成 webserver.biem.com。

例如，创建一个 computer.biem.com 的别名：

host1.bicm.com　　　IN　　　CNAME　　　computer.biem.com

下面介绍如何添加主机、指针和别名记录。

1. 添加主机记录

主机记录提供一个主机名到一个 IP 地址的映射，来满足 DNS 客户机使用域名，而不是 IP 地址来访问服务器，主机记录提供主机的相关参数(主机名和对应的 IP 地址)。

具体操作步骤如下。

(1) 打开【DNS 管理器】窗口，在建立的 biem.com 区域上，单击右键，从弹出的快捷菜单中选择【新建主机(A 或 AAAA)】命令，如图 8-29 所示。

图 8-29　新建主机记录

(2) 打开【新建主机】对话框，在【名称】文本框中输入主机名：host1；在【IP 地址】文本框中输入该计算机的 IP 地址：192.168.12.13，然后单击【添加主机】按钮即可，如图 8-30 所示。

图 8-30　【新建主机】对话框

如果没有在【DNS 管理器】窗口中创建区域，而在其他地方选择【添加主机】的话，当单击【添加主机】按钮后，系统就会报错。

通过以上步骤，管理员可以添加一条主机记录：主机名 host1 到 IP 地址 192.168.12.13 的映射，如图 8-31 所示。

图 8-31 添加一条主机记录

并不是所有计算机都需要主机资源记录，但在网络上使用域名的计算机，需要该记录。当主机 IP 地址更改时，使用 DHCP 客户服务在 DNS 服务器上动态注册和更新其主机资源记录。

注意： DNS 客户端必须使用 FQDN 名，即主机名 host1+域名 biem.com 去访问目标计算机时，DNS 服务器才能正确进行名称解析；如果不加域名，而直接使用主机名，DNS 将无法解析该主机名，因为 DNS 服务器不知道在哪个区域中查找该主机名记录。

2. 添加指针记录

如果要在反向查询区域内也建立此主机的反向查询记录，勾选【创建相关的指针(PTR)记录】复选框，如图 8-30 所示。只能当反向区域中的 in-addr.arpa 文件存在时才能创建 PTR 记录，否则系统也会报错。

3. 添加别名记录

添加别名记录是为了实现多个主机名对应同一个 IP 地址，创建别名记录对于解析在网络中充当多个角色的同一台服务器是很有用的。例如，一台主机既是文件服务器，也是应用程序服务器，这时就要给这台主机创建多个别名，也就是根据不同的用途起不同的名称。在充当文件服务器时，它的 FQDN 名称为 host1.jsj.biem.com；在充当应用程序服务器时，它的 FQDN 名称为 computer.jsj.biem.com。管理员通过创建别名记录，可以实现无论用户是使用主机名 host1，还是使用别名 computer，最终都可以解析成同一个 IP 地址。

具体操作步骤如下。

(1) 打开【DNS 管理器】窗口，在建立的 jsj.biem.com 区域上，单击右键，选择【新建别名(CNAME)】命令，如图 8-32 所示。

图 8-32 新建别名记录

(2) 打开【新建资源记录】对话框，在【别名】文本框中输入：computer；在【目标主机的完全合格的域名】框中输入：host 1.jsj.biem.com，如果不清楚，可以单击【浏览】按钮进行查找，该项是可选的，如果不填，则使用其父域名称，然后单击【确定】按钮即可，如图 8-33 所示。

图 8-33 添加别名记录

通过以上操作，管理员可以为主机 host1.jsj.biem.com 来添加一条别名记录 computer.jsj. biem. com。还可以为主机 host1.jsj.biem.com 添加多条别名记录，都对应到了同一 IP 地址。

4. DNS 服务测试工具

1) nslookup 命令的使用

nslookup(Name Server Lookup)是 Windows 2012 系统提供的诊断工具程序，是一种更为专业的测试命令，可以监视网络中 DNS 服务器能否正确实现名称解析，使用它可以显示来自域名系统 DNS 服务器的信息。nslookup 只有安装了 TCP/IP 协议后才可以使用。

在命令行窗口中，输入 nslookup web.biem.com，可以看到服务器的返回结果，web.biem.com 对应的 IP 地址为 192.168.10.10，并且 web.biem.com 是 www.biem.com 的别名。

2) ipconfig/displaydns

通过使用 ping 命令测试域名解析结果后，可以输入 ipconfig/displaydns 查看客户机本地的 dns 缓存记录，

8.3.5 管理 DNS 服务器

网络中使用 DNS 服务器后，有效提高了计算机和服务器的访问效率，但需要将 DNS 服务作为基础服务纳入日程网络管理，即对 DNS 服务器进行有效的管理与维护，以保障 DNS 服务器的稳定运行。

1. 启动或停止 DNS 服务器

(1) 打开 DNS 管理器，单击需要管理的 DNS 服务器。

(2) 在【操作】菜单中，选择【所有任务】命令，弹出子菜单，如图 8-34 所示，可单击下列选项之一：

- 选择【启动 nslookup】命令，启动服务。
- 选择【停止】命令，停止服务。
- 选择【暂停】命令，中断服务。
- 选择【重新启动】命令，停止然后自动重新启动服务。

图 8-34 启动或停止 DNS 服务

2. 限制 DNS 服务器只侦听选定的地址

在默认情况下，会将在多宿主计算机上运行的 DNS 服务器服务配置为使用其所有 IP 地址来侦听 DNS 查询。为了提高 DNS 服务器的安全性，可以将 DNS 服务器服务侦听的 IP 地址限制为其 DNS 客户端用作首选 DNS 服务器的 IP 地址。

具体操作步骤如下。

(1) 打开 DNS 管理器，单击 DNS 服务器。

(2) 在【操作】菜单中，选择【属性】命令，打开所选 DNS 服务器属性对话框。

(3) 在【接口】选项卡中，选中【只在下列 IP 地址】单选按钮，如图 8-35 所示。

(4) 在【IP 地址】列表框中，限制 DNS 服务器要侦听的地址。如果 DNS 服务器有多个 IP 地址，则在【IP 地址】列表框中就会存在多个 IP 地址的复选框。

3. DNS 的老化和清理

DNS 服务器支持老化和清理功能，用于清理和删除随时间推移而积累在区域数据中的过时资源记录。可以为特定区域设置老化和清理属性。

具体操作步骤如下。

(1) 打开 DNS 管理器，在控制台树中，右击某个区域，选择【属性】命令。

(2) 在【常规】选项卡中单击【老化】按钮，如图 8-36 所示。

图 8-35　【接口】选项卡

图 8-36　单击【老化】按钮

(3) 打开【区域老化/清理属性】对话框，如图 8-37 所示，勾选【清除过时资源记录】复选框，可以根据需要修改间隔时间。

(4) 根据需要修改其他区域的老化和清理属性。

4. 禁用 DNS 服务器的递归查询

在默认情况下，DNS 服务器会将 DNS 客户端查询转发给其他 DNS 服务器执行递归查询，以完成名称解析任务，然后将查询结果返回到客户端。但这一操作也存在问题，就是攻击者可以使用递归来拒绝 DNS 服务器服务。因此，如果网络中的 DNS 服务器不准备接收递归查询，可以在该服务器上禁用递归。

具体操作步骤如下。

(1) 打开 DNS 管理器，在控制台树中，右击 DNS 服务器，选择【属性】命令。

(2) 切换到【高级】选项卡，在【服务器选项】列表框中，勾选【禁用递归(也禁用转发器)】复选框，单击【确定】按钮，如图 8-38 所示。

图 8-37　【区域老化/清理属性】对话框

图 8-38　DNS 服务器禁用递归

8.4　配置 DNS 客户端

DNS 服务器配置完成后，如果在用户客户机的浏览器中还是无法使用 www.explem.com 这样的域名访问网站，那是因为虽然已经有了 DNS 服务器，但客户机并不知道 DNS 服务器在哪里，所以不能识别用户输入的域名。

这就需要对 DNS 客户机进行配置，才能完成域名解析。接下来以 Windows 7 为例，讲解 DNS 客户机的配置方法。

配置 DNS 客户机的方法有两种：自动配置和手动配置。

1. 自动配置

自动配置就是从 DHCP 服务器自动获取 DNS 服务器的 IP 地址，即先将 DNS 客户机配置为 DHCP 服务器的客户机，然后通过设置 TCP/IP 选项，将其设置为 DNS 服务器的客户机。

这就需要管理员在 DHCP 服务器上除了配置 IP 地址作用域之外，还要配置其他的 DHCP 选项，如 DNS 服务器选项(即 DNS 服务器的 IP 地址)。在 DHCP 客户机上，用户可以通过配置适当的 TCP/IP 属性，使客户机在自动获得 IP 地址租约的同时，也获得 DNS 服务器的 IP 地址信息。

具体操作步骤如下。

(1)　登录一台 DNS 客户机(Windows 7)。

(2)　在【控制面板】窗口中，选择【网络和 Internet】|【网络和共享中心】|【更改适配器设置】命令，打开【网络连接】窗口，在【本地连接】图标上右击，在弹出的快捷菜单中选择【属性】命令，打开【Internet 协议版本 4(TCP/IPv4)属性】对话框，如图 8-39 所示。

图 8-39　【Internet 协议版本 4(TCP/IPv4)属性】对话框

(3)　选中【自动获得 IP 地址】和【自动获得 DNS 服务器地址】两个单选按钮。

通过以上步骤，可以实现 DNS 客户机的自动配置，即 DNS 客户机可自动从 DHCP 服务器获得 DNS 服务器的 IP 地址信息。

2. 手动配置

手动配置是用户在【Internet 协议版本 4(TCP/IPv4)属性】对话框中直接配置 DNS 服务器的 IP 地址等信息。

具体操作步骤如下。

(1)　在客户机【Internet 协议版本 4(TCP/IPv4)属性】对话框中，选中【使用下面的 DNS 服务器地址】单选按钮。

(2)　在【首选 DNS 服务器】编辑框中设置刚刚部署的 DNS 服务器的 IP 地址(本例为192.168.10.1)，作为首选 DNS 服务器的 IP 地址；在【备用 DNS 服务器】编辑框中输入：192.168.10.2，作为备用 DNS 服务器的 IP 地址，如图 8-40 所示。

(3)　单击【高级】按钮，打开【高级 TCP/IP 设置】对话框，切换到 DNS 选项卡，如图 8-41 所示。

图 8-40　输入 DNS 服务器的 IP 地址　　　　图 8-41　配置 DNS 服务器选项

　　管理员可以在网络中配置多个 DNS 服务器，但必须指定首选的 DNS 服务器。因为客户机需要查询名称时，首先将查询请求发送到首选的 DNS 服务器，如果首选的 DNS 服务器无法解析，则按照【DNS 服务器地址】列表中的排列顺序，尝试解析 IP 地址。

　　(4)　单击【添加】按钮，打开【TCP/IP DNS 服务器】对话框，输入其他可用的 DNS 服务器的 IP 地址，如图 8-42 所示。

图 8-42　添加 DNS 服务器 IP 地址

　　通过上述步骤，管理员可以采用手动的方式来配置 DNS 客户机，从而实现通过 DNS 服务器来解析目标计算机的域名。

　　如果 DNS 服务器的设置与运作一切正常，但是 DNS 客户端还是无法通过 DNS 服务器解析到正确的 IP 地址，其原因可能是 DNS 客户端或 DNS 服务器缓存区中有不正确的资源记录，此时，可以利用以下方法将缓存区中的数据清除。

　　(1)　清除 DNS 客户端缓存区。

　　方法：在 DNS 客户端中运行 ipconfig/flushdns。

　　(2)　清除 DNS 服务器缓存区。

　　方法：在 DNS 管理控制台中，右击 DNS 服务器，选择【清除缓存】命令。

8.5　设置转发器与根提示

DNS 客户端向 DNS 服务器发出查询请求后，若该 DNS 服务器中没有所需的记录，则该 DNS 服务器会代替客户端向位于根提示中的 DNS 服务器查询，或向转发器查询。

8.5.1　根提示设置

根提示中的 DNS 服务器的名称和 IP 地址等数据存储在%Systemroot%\System32\DNS\cache.dns 文件中。全球有 13 台根服务器，1 台为主根服务器，放置在美国。其余 12 台均为辅根服务器，其中 9 台放置在美国；欧洲 2 台，位于英国和瑞典；亚洲 1 台，位于日本。

可以在根提示选项卡中添加、删除与编辑 DNS 服务器，也可以利用【从主服务器复制】，以便从其他的 DNS 服务器复制根提示，如图 8-43 所示。

图 8-43　设置根提示

8.5.2　设置转发器

转发器是内部 DNS 服务器所指向的另一台 DNS 服务器，可用于解析外部 DNS 域名。

当 DNS 服务器收到查询请求之后，会试图在自己的区域文件中进行解析。如果解析失败了，可能是因为这台 DNS 服务器没有维护被请求的域，或在自己的缓存中没有这个记录，那么服务器必须与其他 DNS 服务器联系来完成对查询请求进行解析。在 Internet 广域网中，本地区域文件之外的查询请求需要跨过 WAN 链路送到公司之外的 DNS 服务器上。用于接收这种 DNS 流量的一种方法就是建立 DNS 转发器。

1. 转发器的工作原理

转发器使用迭代查询继续向其他名称服务器发出解析请求。如图8-44所示，DNS转发器的工作过程如下。

图 8-44　DNS 转发器的工作过程

(1) 本地的DNS服务器从DNS客户机收到一个查询请求(例如，本地的DNS服务器从客户端收到一个递归查询的请求)。

(2) 本地DNS服务器把这个请求转发给转发器。

(3) 转发器向根DNS服务器发出迭代查询请求，希望从授权服务器里解析到名称。

(4) 根DNS服务器给这个DNS服务器返回与提交域名最接近的DNS服务器的参照信息。例如，根DNS服务器给这个DNS服务器返回有关.com参照信息。

(5) 转发器接着向与提交的域名最近的DNS服务器发出迭代查询。例如，转发器接着向维护.com的DNS服务器发出迭代查询。

(6) 这个过程将一直持续下去，直到转发器得到最终的解析结果。

(7) 转发器把解析的结果发送给本地DNS服务器，再由本地DNS服务器把解析结果发送给DNS客户机。

2. 设置转发器

设置转发器的具体操作步骤如下。

(1) 打开DNS管理控制台，右击【转发器】，选择【属性】命令，如图8-45所示。

(2) 打开【属性】窗口，切换到【转发器】选项卡，如图8-46所示，单击【编辑】按钮。

图 8-45   选择【属性】命令

(3) 在转发器服务器的 IP 地址中输入 IP 的 DNS 地址 114.114.114.114,如图 8-47 所示。单击【确定】按钮,转发器设置成功。

图 8-46   【转发器】选项卡

图 8-47   设置转发器

8.6 实 践 训 练

8.6.1 任务 1:DNS 服务器的安装

任务目标:掌握如何安装 DNS 服务器。

包含知识：

(1) 安装前的准备及安装过程。

(2) 添加正向搜索区域。

(3) 添加反向搜索区域。

(4) 在区域中添加资源记录。

实施过程：

1) 在计算机 A 上安装 DNS 服务

2) 配置 DNS 服务器(网络号：180. <计算机号>. 0. 0)

(1) 在正向搜索区域中新建区域 biem<计算机号>▪com 例：biem33▪com。

(2) 在 biem<计算机号>.com 区域中添加主机记录：

计算机 A 名——计算机 A 的 IP 地址

计算机 B 名——计算机 B 的 IP 地址

(3) 在 biem<计算机号>.com 区域中添加别名记录：

WWW——计算机 B 名

FTP——计算机 B 名

(4) 添加反向搜索区域 180. <计算机号>。

(5) 添加反向搜索区域的记录：

计算机 A 的 IP 地址——计算机 A 的 FQDN 名

计算机 B 的 IP 地址——计算机 B 的 FQDN 名

3) 将计算机 A、B 分别配置为 DNS 的客户端

常见问题解析：

(1)安装 DNS 服务时，系统可能会提示插入 Windows Server 2012 的安装光盘或指定安装源文件。

(2) 配置 DNS 服务器之前，要规划好区域和子域。

8.6.2 任务2 观察 DNS 服务器的工作结果

任务目标：测试 DNS 服务器。

包含知识：DNS 服务器工作过程。

实施过程：

(1) 在计算机 A 上执行：

nslookup 计算机 B

nslookup 计算机 B 的 IP 地址

(记录结果)

ping 计算机 B 的 FQDN 名

ping 计算机 B 的别名(www.biem<计算机号>.com)

(ftp. biem<计算机号>.com)

(2) 在计算机 B 上执行：

nslookup 计算机 A

nslookup 计算机 B

(记录结果)

ping 计算机 A 的 FQDN 名

ping 计算机 B 的别名(www. biem<计算机号>.com)

(ftp. biem<计算机号>.com)

常见问题解析：使用 nslookup 测试 DNS 服务器工作情况时，有时无法解析 DNS 服务器的地址，这就需要在配置 DNS 服务器时，添加该服务器域名到 IP 地址的主机记录。

8.7　习　　题

1. 选择题

(1)　在 Windows Server 2012 下测试和诊断 DNS 故障时，最常用的命令是(　　)。

　　A. NETSTAT　　　　B. NSLOOKUP　　　C. ROUTE　　　　　D. NBTSTAT

(2)　在 DNS 控制台(　　)是对 192.168.3.0 反向搜索区域的名称。

　　A. 3.168.192.reverse.dns　　　　　　B. 3.168.192.in.addr.arpa

　　C. 3.168.192.in-addr.arpa　　　　　　D. 0.3.168.192.inaddr-arpa

(3)　下列哪个域是 rs.glzx.com 的父域？(　　)

　　A. rs　　　　　　B. glzx.com　　　　　C. rs.glzx　　　　D. rs.glzx.com

2. 思考题

(1)　画出 DNS 命名空间结构示意图并进行简单描述。

(2)　DNS 服务器有哪两种查询方式？并简述 DNS 解析名称的过程。

(3)　什么是 DNS 区域？Windows Server 2012 有哪几种区域类型？各有什么特点？

第 9 章　Internet 信息服务(IIS)管理

学习提示

Windows Server 2012 家族的 Internet 信息服务(IIS)可在 Internet、Intranet、Extranet 上提供可靠、可伸缩和易管理的集成化 Web 服务器功能。各种规模的组织机构都可以使用 IIS 在 Internet 或 Intranet 上托管和管理 Web 站点及 FTP 站点，或者使用网络新闻传输协议(NNTP)和简单邮件传输协议(SMTP)传送新闻或邮件。

学习目标

通过本章的学习，要求读者学会在运行 Windows Server 2012 的计算机上安装 IIS 服务，并会创建和配置 Web 站点和 FTP 站点。

9.1　IIS 的安装

9.1.1　IIS 简介

IIS 是 Internet 信息服务器 Internet Information Server 的缩写，是微软提供的基于 Windows 操作系统的互联网服务器软件，主要是向客户端提供各种 Internet 服务，包括发布信息、传输文件、支持用户通信和更新这些服务所依赖的数据存储等。利用 IIS 可以在互联网上发布属于自己的 Web 服务。经过多个版本的发展，IIS 已经成为目前功能较为完善的 Web 服务软件，其中包括 Web 服务器、FTP 服务器、SMTP 服务器和 NNTP 服务器等，分别用于网页浏览、文件传输、邮件发送和新闻服务等方面，并且还支持服务器集群和动态页面扩展如 ASP.NET、PHP 等功能。通过 IIS 提供的图形化控制台界面，管理员能够轻松搭建基于网络(包括 Internet 和 Intranet)的 Web 服务器。

Windows Server 2012 中的 Web 服务器(IIS)提供一个安全、易于管理的模块化和可扩展的平台，以可靠地托管网站、服务和应用程序。版本是 IIS8.0，是一个集成了 IIS、FTP 服务、ASP.NET、PHP 和 Windows Communication Foundation(WCF)于一身的统一 Web 平台，可以为系统管理员和 Web 应用程序开发人员提供更加可靠、安全、易于管理并且具备高性能的 Web 服务器。

与以往版本相比，IIS8.0 引入了许多新的特征，具体如下。

(1) 统一的 Web 平台，为管理员和开发人员提供了一致的 Web 解决方案。

(2) 增强了安全性和自定义服务器以减少受攻击的可能。

(3) 简化了诊断和故障排除功能，帮助解决问题。

IIS 8.0 在网络应用服务器的管理、可用性、可靠性、安全性、性能与可扩展性方面也提供了许多新的功能。

IIS 8.0 的新功能与新特性如下。

1. 容错进程架构

IIS 8.0 的容错式进程架构将 Web 站点和应用程序隔离到一个自包含的单元之中(又称应用程序池)。应用程序池为管理员管理一组 Web 站点和应用程序提供了便利,同时提高了系统的可靠性,因为一个应用程序池中的错误不会引起另外一个应用程序池或服务器本身发生故障。

2. 健康状况监视

IIS 8.0 定期检查应用程序池的状态,并自动重新启动应用程序池中发生故障的 Web 站点或应用程序,从而提高了应用程序的可用性。通过自动禁用在短时间内频繁发生故障的 Web 站点和应用程序,IIS 8.0 可以保护服务器和其他应用程序的安全。

3. 自动进程回收

IIS 8.0 可以根据一组灵活的标准和条件,例如 CPU 利用率和内存占用情况,自动停止和重新启动发生故障的 Web 站点和应用程序,同时将请求放入队列。IIS 8.0 还可以在回收一个工作进程时对客户机的 TCP/IP 连接加以维护,将 Web 客户端应用程序与后端不稳定的 Web 应用程序进行隔离。

4. 快速的故障保护

如果某个应用程序在短时间内频繁发生故障,IIS 8.0 将自动禁用该程序,并且向所有新发出和排入队列的针对该应用程序的请求返回一个"503 服务不可用"错误信息。此外,还可以触发某些定制操作,例如触发一个调试操作或者向管理员发出通知。快速故障保护可以保护 Web 服务器免遭拒绝服务攻击。

9.1.2　IIS8.0 实际应用

管理员可以使用 Web 服务器(IIS)设置和管理多个网站、Web 应用程序和 FTP 站点。一些特定的功能如下。

(1) 使用 IIS 管理器来配置 IIS 功能和管理网站。

(2) 使用文件传输协议(FTP)以允许网站所有者上传和下载文件。

(3) 使用网站隔离以防止一个网站干扰服务器上的其他站点。

(4) 配置用各种技术(如经典 ASP、ASP.NET 和 PHP)编写的 Web 应用程序。

(5) 使用 Windows PowerShell 以自动化管理 Web 服务器的大多数管理任务。

(6) 将多个 Web 服务器配置到可使用 IIS 管理的服务器场中。

(7) 充分利用 NUMA 硬件,并从启用 NUMA 的服务器上获得最佳性能。

9.1.3　安装 IIS

安装 IIS 服务,可以通过【服务器管理器】工具添加【Web 服务器(IIS)】服务器角色来实现。

具体操作步骤如下。

(1) 打开【服务器管理器】窗口，当进入服务器角色列表界面时，选择【Web 服务器(IIS)】服务，如图 9-1 所示。

(2) 选择【Web 服务器(IIS)】会自动弹出【添加 Web 服务器(IIS)所需的功能】界面，单击【添加功能】按钮，如图 9-2 所示。

图 9-1 【添加角色和功能向导】窗口　　　　图 9-2 单击【添加功能】按钮

(3) 单击【下一步】按钮，在此处可以继续选择需要添加的功能，如无特殊需求，此处默认即可，如图 9-3 所示。

(4) 单击【下一步】按钮，阅读注意事项。

(5) 单击【下一步】按钮，在【为 Web 服务器(IIS)选择要安装的角色服务】列表框里，勾选所需要的 Web 服务器里所需的角色(保持默认即可，安装完成后可以更改)，如图 9-4 所示。

图 9-3 添加功能　　　　图 9-4 【选择角色服务】界面

(6) 在【确认】选项卡中，单击【安装】按钮，Windows Server 2012 IIS 8.0 开始安装，提示安装成功，如图 9-5 所示，然后单击【关闭】按钮，完成安装。

图 9-5　安装成功

9.1.4　测试 IIS

安装完成后，需要测试 IIS 是否安装成功。用户打开该 Web 服务器的浏览器，通过以下 3 种方法进行测试。

(1)　在地址栏中直接输入 http://Web 服务器 IP 地址。

(2)　利用 DNS 网址(前提是在 DNS 服务器中建立了主机对应的资源记录)，如 http://web.biem.com。

(3)　利用计算机名称，如 http://host1，这种方法适合位于局域网内的计算机。

如果 IIS 正常工作，则可以打开如图 9-6 所示的网页。

图 9-6　测试 IIS 服务器

安装完成后，打开【服务器管理器】窗口，在【仪表盘】下多出一项 IIS，单击 IIS，右侧会显示当前服务器名，右击该服务器，如图 9-7 所示，选择【Internet Information Services(IIS)管理器】命令，打开【Internet Information Services(IIS)管理器】窗口，如图 9-8 所示，即可对 IIS 进行配置和管理。也可以通过【管理工具】窗口，选择【Internet Information Services(IIS)管理器】命令，打开【Internet Information Services(IIS)管理器】窗口。

图 9-7　选择【Internet Information Services(IIS)管理器】命令

用户可以使用【Internet Information Services(IIS)管理器】工具来管理 Web 站点、FTP 站点、SMTP 虚拟服务器和 NNTP 虚拟服务器。本章只介绍如何使用 IIS 创建和管理 Web 和 FTP 站点。

图 9-8　【Internet Information Services(IIS)管理器】窗口

9.2　Web 服务配置

某公司想实现在公司内部的局域网使用浏览器来查看公司发布的一些公共消息，如开会通知、值班计划、放假安排等。考虑到公司的需求，管理员首先把这些消息制作成基于网页的信息公告板。然后将信息公告板发布到 IIS 中，这就需要在 IIS 中创建一个 Web 站点，公司员工通过访问该 Web 站点就可以查看到信息公告板的内容。

在 Windows Server 2012 中，安装完成 Web 服务器角色与功能后，IIS 会自动加载一个默认的 Web 站点，即 Default Web Site 站点，该站点使用默认设置，内容为空，主要用于测试 IIS 是否正常工作。打开【Internet Information Services(IIS)管理器】窗口，可以看到 Default Web Site 站点，如图 9-8 所示。用户可以修改它来发布自己的网站，也可以自己新建立一个网站。

9.2.1　创建新的站点发布网站

1. 发布静态网站

先将静态网站内容复制到 Web 服务器上的硬盘中(D:\web)，网站首页为 index.html。由于 Default Web Site 站点可能会与其他站点产生冲突，可先将默认站点关闭。右击 Default Web Site 站点，在快捷菜单中选择【管理网站】|【停止】命令，如图 9-9 所示，暂时关闭该站点。

图 9-9　停止 Default Web Site 站点

接下来介绍如何发布网站。

具体操作步骤如下。

(1) 在【Internet Information Services(IIS)管理器】窗口中，单击网站管理界面右侧的【添加网站】链接来添加网站，如图 9-10 所示。

图 9-10　单击【添加网站】链接

(2) 在【添加网站】对话框中，输入网站名称、物理路径，其他选择保持默认设置，如图 9-11 所示。

需要注意以下几个问题。

① 【网站名称】：是指用于在 IIS 里与其他网站区分开来的名称(不是指网站的域名)，

可以输入任何名称作为网站名称。

② 【物理路径】：是指网站文件存储的物理路径，默认的网站物理路径是
LocalDrive:\Inetpub\wwwroot (LocalDrive 就是安装 Windows Server 2012 的磁盘驱动器)。也
可以单击【浏览】按钮 ▣ 选择其他文件夹。可先在本地计算机上设置好主目录文件夹和内
容，然后在【物理路径】文本框中设置主目录为该文件夹的路径(如 D:\web)。

③ 【绑定】：绑定类型为 http，绑定 IP 地址必须是当前服务器上的一个有效 IP，无特
殊情况绑定端口一般为默认 80，主机名为空。

图 9-11 添加网站

单击【确定】按钮时，会弹出"80 端口已经绑定给另外一个站点"的提示警告，然后
单击【是】按钮完成网站创建，如图 9-11 所示。

(3) 在【Internet Information Services(IIS)管理器】窗口，选中新建的网站【测试网站】。

(4) 打开【默认文档】窗口，如图 9-12 所示，启用后，只要浏览器请求没有指定文档
名称，则将默认文档提供给浏览器。默认文档可以是目录主页或包含站点文档目录列表的
索引页。多个文档可以按照自上向下的搜索顺序列出。此处显示的文件可在站点的主目录
中找到。使用【上移】和【下移】按钮可以修改顺序。

图 9-12 设置默认文档

(5)　单击【添加】链接，根据实际需求，在【名称】文本框中输入存在本地服务器上的网站首页文件名(本例为 index.html)，如图 9-13 所示。

图 9-13　添加默认文档

(6)　在【Internet Information Services(IIS)管理器】窗口，单击右侧的【浏览网站】，或者打开浏览器，在地址栏中输入 http://10.64.109.53，即可在本机上正常浏览该网站，如图 9-14 所示。

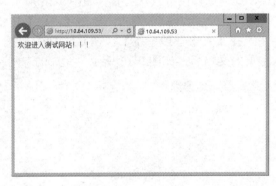

图 9-14　浏览网页

2. 发布动态网站

Windows Server 2012 的 IIS 8.0 支持 ASP、ASP.NET 站点的发布，但是需要安装特定的组件，需要以下几个步骤来完成。

(1)　添加 IIS 的 Web 服务对动态网站支持的相关功能。

(2)　将网站内容复制到 Web 服务器。

(3)　通过 IIS 发布动态网站。

(4)　在站点的默认文档中添加默认首页 index.aspx。

具体操作步骤如下。

(1)　打开服务器管理器，单击【添加角色和功能】时，在【服务器角色】窗口下展开【Web 服务器(IIS)】服务下的【应用程序开发】并选中 ASP.NET3.5，如图 9-15 所示，单击【下一步】按钮。

图 9-15　安装 ASP.NET

(2)　打开【Internet Information Services(IIS)管理器】窗口，在【添加网站】对话框中，输入网站名称、物理路径，其他选择保持默认设置，如图 9-16 所示。单击【确定】按钮时，会弹出"80 端口已经绑定给默认站点"提示警告，单击【确定】按钮即可完成网站创建。

(3)　在左边导航栏下选择【人事管理系统】，在界面的右边中，单击【添加】链接，在弹出的对话框中输入主页的文档名，如图 9-17 所示，完成动态网站的发布。

图 9-16　添加 ASP.NET 网站

图 9-17　添加默认文档

9.2.2　创建多个网站

在一台 Web 服务器上可以创建多个网站，可以减少服务器的数量，各站点独立运行，互不干扰，实现资源最大化利用，这就要求管理员明确管理它们的办法。通常，一个 Web 资源(协议://域名或 IP 地址:端口号)的访问由 3 个要素构成：域名、IP 地址和端口号，只要这 3 个要素有一个不同，就可以建立不同的站点。因此，实现一台服务器上部署多个 Web 网站可以通过以下几种方法。

① 在一台服务器上绑定多个 IP 地址，使用不同 IP 地址创建多个 Web 站点。

② 使用不同端口号创建多个 Web 站点。

③ 在 DNS 服务器上为 Web 服务器的 IP 注册多个域名，通过不同域名(虚拟主机名)创建多个站点。

④ 通过 IP 地址、域名、端口号组合创建多个 Web 站点。

⑤ 通过虚拟目录创建父子站点实现多个 Web 站点的发布。

接下来主要介绍前三种方法。

1. 使用不同 IP 地址创建多个 Web 站点

出于安全考虑，可以在同一台服务器上使用不同的 IP 地址来区分每个网站，称这种方案为 IP 虚拟主机技术，是比较传统的解决方案。

Windows Server 2012 系统支持在一台服务器上安装多块网卡，并且一块网卡还可以绑定多个 IP 地址。将这些 IP 分配给不同的虚拟网站，就可以达到一台服务器多个 IP 地址来架设多个 Web 网站的目的。例如，要在一台服务器上创建两个网站：www.biem11.com 和 www.biem22.com，对应的 IP 地址分别为 10.64.109.10 和 10.64.109.11，需要在服务器网卡中添加这两个地址。

具体操作步骤如下。

(1) 打开控制面板，选择【网络与共享中心】图标，在打开的【网络与共享中心】窗口中单击【更改适配器设置】超链接，打开【网络连接】窗口，右击本地网卡，选择快捷菜单中的【属性】命令。在【Internet 协议版本 4(TCP/IPv4)属性】对话框中，单击【高级】按钮，显示【高级 TCP/IP 设置】对话框。单击【添加】按钮将这两个 IP 地址添加到【IP 地址】列表框中，如图 9-18 所示。

(2) 在 DNS 控制台窗口中，利用【新建区域向导】新建两个域，域名称分别为 biem11.com 和 biem22.com，并创建相应主机记录，对应的 IP 地址分别为 10.64.109.10 和 10.64.109.11，使不同 DNS 域名与相应的 IP 地址对应起来，如图 9-19 所示。这样，用户才能够使用不同的域名来访问不同的网站。

图 9-18　添加 IP 地址

图 9-19　添加 DNS 域名

(3) 打开【Internet Information Services(IIS)管理器】窗口，选择【网站】，然后单击网站管理界面右侧的【添加网站】链接，新建一个网站，输入网站名称、物理路径，在【添加网站】对话框中的【IP 地址】下拉列表中，分别为网站指定不同的 IP 地址，如图 9-20 所示。这样在一台 Web 服务器上就可以创建多个网站了。

图 9-20　添加网站

2. 使用不同的端口号创建多个站点

当计算机只有一个 IP 地址时，可以使用不同的端口号来创建多个网站。Web 服务器默认的标准 TCP 端口为 80，用户访问是不需要输入的。如果使用非标准 TCP 端口号来标识网站，则用户在输入网址时必须添加上端口号。

例如，Web 服务器已有网站 www.biem.com，使用的 IP 地址是 10.64.109.53，如果要再创建一个网站 ftp.biem.com，其 IP 地址仍为 10.64.109.53，这时可将该网站的 TCP 端口设为非标准端口(如 8080)，可以在如图 9-20 所示的窗口中【端口】处进行修改。这样当用户访问该网站时，须在其 Web 浏览器地址栏中输入 http:// ftp.biem.com:8080 或 http:// 10.64.109.53:8080，才能访问该站点。

注意：端口范围：0～65535。如果使用非标准端口号作为网站的唯一标识，须使用大于 1023 的端口号。因为端口号 0～1023 用于标准 TCP/IP 应用程序。

3. 使用不同的主机名创建多个站点

使用主机名来搭建多个具有不同域名的 Web 网站，与利用不同 IP 地址建立虚拟主机的方式相比，这种方案更加经济实用，可以充分利用有限的 IP 地址资源，来为更多的客户提供虚拟主机服务。

例如，在 Web 服务器上利用主机头创建 web.biem.com 和 ftp.biem.com 网站，它们使用同一个 IP 地址：10.64.109.53。

具体操作步骤如下。

(1) 打开【Internet Information Services(IIS)管理器】窗口，单击【添加网站】链接创建两个网站。

(2)　在【添加网站】对话框中，在【主机名】文本框中输入新建网站的域名：web.biem.com 和 ftp.biem.com，如图 9-21 所示。

图 9-21　设置主机名

用同样的方法，配置基于 ftp.biem.com 的网站。创建完成后如图 9-22 所示。

图 9-22　使用不同的主机名创建多个站点

9.3　FTP 服务配置

9.3.1　FTP 服务简介

某公司网络的服务器上存放一些常用的办公软件和工具软件，员工可以通过直接访问服务器，来查找并下载自己需要的软件，而不必为此在 Internet 上搜索、下载。针对员工的这些要求，可以有两种方案来解决这个问题。

方案一：在服务器上创建共享文件夹，用于存放常用的软件，员工可以通过访问共享文件夹来查看、复制所需要的软件。

方案二：在服务器上创建一个 FTP 站点，将常用的软件存放到该 FTP 站点上，员工可以通过 IE 浏览器访问该站点，下载所需的软件。

方案一在安全设置方面比较麻烦，也不方便员工使用。所以通常情况下采用方案二，这就需要创建一个 FTP 站点。

FTP(File Transport Protocol，文件传输协议)，定义了一个在远程计算机系统和本地计算机系统之间传输文件的标准，用于实现客户端与服务器之间的文件传输。运行在应用层，并利用传输控制协议 TCP 在不同的主机之间提供可靠的数据传输。由于 TCP 是一种面向连接的、可靠的传输协议，因此 FTP 可以提供可靠的文件传输。FTP 在文件传输中还具有一个重要特点，就是支持断点续传功能，其可以大幅度地减小 CPU 和网络带宽的开销。

尽管目前 Internet 中的大部分文件传输工作都是通过 HTTP(超文本传输协议)完成的，但很多大型的公共网站还是提供了基于 FTP 的文件传输方式。这是因为 FTP 服务的效率更高，对权限控制更为严格，同时 FTP 已经拥有了非常广泛的客户端支持，几乎所有的系统平台(如 Linux、UNIX、Windows 等)都拥有丰富的 FTP 客户端软件。有一些系统平台下的客户端可能无法通过 HTTP 传输文件，但一定能够通过 FTP 进行传输。因此，了解和掌握部署 FTP 服务的技术很有必要。

与大多数 Internet 服务一样，FTP 协议也是一个客户端/服务器系统。用户通过一个支持 FTP 协议的客户机程序，连接到远程主机上的 FTP 服务器程序。用户通过客户端程序向服务器程序发出命令，服务器程序执行用户所发出的命令；并将执行结果返回给客户机。

目前市面上有众多的 FTP 服务器和客户端程序，表 9-1 列出了基于 Windows 和 Linux 平台的常用的 FTP 服务器和客户端程序。

表 9-1　基于 Windows 和 Linux 两种平台的常用的 FTP 服务器和客户端程序

程序	基于 Windows 平台	基于 Linux 平台
FTP 服务器程序	IIS	Vsftpd
	Serv-U	Proftpd
	TitanFTP Server	Pureftpd
FTP 客户端程序	命令行工具 ftp	命令行工具 ftp 和 lftp
	图形化工具 CuteFTP、FlashFTP、leapFTP	图形化工具 gFTP
	Web 浏览器	Web 浏览器 Mozilla

9.3.2　FTP 服务器的安装

Windows Server 2012 系统可根据需要单独安装 FTP 服务器。

具体操作步骤如下。

(1) 单击【服务器管理器】主窗口的【添加角色和功能】快捷方式，进入到【服务器角色】界面时，选择【Web 服务器(IIS)】服务(FTP 服务是【Web 服务器(IIS)】下的服务之一)，展开后勾选【FTP 服务器】复选框，再勾选【FTP 服务】和【FTP 扩展】两个复选框，如图 9-23 所示，再单击【下一步】按钮。

(2) 在【功能】选项卡中，直接单击【下一步】按钮。

(3) 在【确认】选项卡中单击【安装】按钮，安装完成后单击【关闭】按钮，完成安装。

图 9-23　服务器角色选择

9.3.3　创建 FTP 站点

与创建 Web 站点类似，安装完 FTP 服务器后，就可以创建 FTP 站点。

先在 Windows Server 2012 服务器的本地磁盘中为 FTP 站点创建任务需求的目录结构，建立发布文件的中心位置。

具体操作步骤如下。

(1) 在【服务器管理器】主窗口中，选择【工具】|【Internet Information Services(IIS)管理器】命令，打开 IIS 管理器主窗口。展开主窗口左边的【网站】选项，在右侧快捷操作中单击【添加 FTP 站点】链接，如图 9-24 所示。

图 9-24　添加 FTP 站点

(2) 在【添加 FTP 站点】对话框中，输入 FTP 站点名称和物理路径，如图 9-25 所示，再单击【下一步】按钮。

其中：

- 【FTP 站点名称】文本框中可以随意输入站点的名称，主要是用来在控制台中区分不同站点。
- 【物理路径】是 FTP 站点中用于已发布文件的中心位置。

(3) 在【绑定和 SSL 设置】界面中，选中【无 SSL(L)】单选按钮，如图 9-26 所示，再单击【下一步】按钮。

图 9-25 FTP 站点信息   图 9-26 绑定和 SSL 设置

其中：

- 【IP 地址】：【全部未分配】表示该服务器所有 IP 地址都可用，如果选其中一个 IP 地址，登录时只能输入选中的 IP 地址。
- 【端口】：FTP 服务一般运行在 20 和 21 两个端口。端口 20 用于在客户端和服务器之间传输数据流，而端口 21 用于传输控制流，并且是命令通向 FTP 服务器的进口。FTP 支持 PASV 和 PORT 两种数据传输方式，PASV 的数据传输端口是动态分配的，而 PORT 方式固定是通过 21 端口进行数据传输。IIS FTP 里的 PASV 模式下默认端口范围是 1024~65535。通过不同端口，可以添加多个 FTP 站点，但前提是该端口不被占用。
- SSL(Secure Sockets Layer)是为网络通信提供安全及数据完整性的一种安全协议，允许用户通过安全方式(如数字证书)访问 FTP 站点。如果采用 SSL 方式，则需要预先准备安全证书。

(4) 在身份验证项目中，勾选【匿名】和【基本】两个复选框，在授权项目中勾选【读取】和【写入】两个复选框，在【允许访问】下拉列表框中选择【所有用户】，如图 9-27 所示，最后单击【完成】按钮，完成 FTP 站点的添加。

图 9-27　身份验证和授权信息

其中：

- 【身份验证】选项组用于设置站点访问时是否需要输入用户名和密码。【匿名】是指无须输入用户名和密码，而【基本】则指用户访问时需要输入账户和密码，仅身份验证通过才允许访问。
- 【授权】选项组中的【允许访问】下拉列表框用于设置允许访问该站点的用户或用户组，并针对所选择的用户在【权限】选项组中配置权限。用户对站点有两种权限，【读取】是指可以查看、下载 FTP 站点的文件；【写入】则是指可以上传、删除 FTP 站点的文件，还可以创建和删除子目录。
- 【权限】选项组中的【读取】是为允许 FTP 客户从此目录查看目录列表中的目录和读取(下载)文件，必须为此目录设置读权限。以默认方式为所有 FTP 虚拟根目录设置读权限；【写入】是为使客户能够将文件放到(加载)目录中，必须将此目录设置为写权限。如果目录允许【写入】权限而禁止【读取】权限，则该目录将不出现在目录列表中，但是如果用户知道该目录名，FTP 客户可以转换到该目录，然后将文件载入其中。设置写入权限允许用户将文件放置到 FTP 服务器上。

9.3.4　FTP 权限设置

公司创建了自己的 FTP 站点，并提高了工作效率，但使用一段时间后，公司主管发现存在以下问题。

(1) 来宾用户能够下载公司文档，使得公司文档外泄。

(2) 部门普通员工可以访问其他部门的文档。

(3) 存在部门员工删除其他部门文档的情况。

针对以上问题，公司希望改进现有的 FTP 站点，并解决这些问题。以上 3 个问题都与 FTP 站点内目录的访问权限有关。这就需要做如下改进。

(1) 通过设置 FTP 站点的访问必须输入账号和密码,则可以解决来宾用户对公司站点的访问。

(2) 通过设置 FTP 站点子目录的权限,让部门员工账户仅允许访问对应部门目录,而禁止随意访问和修改其他部门的文档。

1. 创建 FTP 登录用户及其组

为部门员工建立 FTP 登录账号,并根据权限创建不同的组。

具体操作步骤如下。

(1) 在【服务器管理器】主窗口中,单击【工具(T)】按钮,选择【计算机管理】,打开【计算机管理】主窗口,找到【本地用户和组】,右击【用户】,选择【新用户(N)...】命令,弹出【新用户】对话框,如图 9-28 所示,输入相关信息后单击【创建】按钮。

图 9-28　创建新用户

(2) 按同样的方法为公司员工创建登录账号,再根据工作职权创建不同的组(本例分别为销售部创建 sales 组、财务部创建 finances 组),并分别将各职权范围内的用户加入到各个组内。

2. 禁用匿名身份验证

具体操作步骤如下。

在【Internet Information Services(IIS)管理器】窗口中找到前面创建的 FTP 站点并双击右边的【FTP 身份验证】,打开【FTP 身份验证】项目,选中【匿名身份验证】,然后单击右侧窗口的【禁用】命令,将【匿名身份验证】禁用,操作结果如图 9-29 所示。

图 9-29　禁用【匿名身份验证】

3. FTP 服务器权限配置

可以通过两种方式实现让部门员工账户仅允许访问本部门目录，而禁止访问其他部门目录。

方法一：

(1)　打开【Internet Information Services(IIS)管理器】主窗口，找到【网站】，单击【销售部文档】，再双击【FTP 授权规则】，如图 9-30 所示。

图 9-30　FTP 授权规则

(2)　在【FTP 授权规则】窗口中，选中【所有用户】，单击右侧窗口的【删除】，将默认继承的所有用户规则删除，如图 9-31 所示。

(3)　然后单击【添加允许规则】，弹出【添加允许授权规则】对话框，如图 9-32 所示；设置销售部组(sales)具有读/写权限，单击【确定】按钮保存设置。

(4)　返回【销售部主页】窗口中，单击右侧【操作】窗口中的【编辑权限…】按钮，出现【销售部属性】对话框，切换到【安全】选项卡。

图 9-31　删除所有用户规则

(5) 单击【编辑(E)…】按钮，再在弹出的对话框中单击【添加(D)…】按钮，添加 sales 组，并赋予完全控制权限，如图 9-33 所示，再单击【确定】按钮保存设置。

图 9-32　设置允许授权规则

图 9-33　设置销售部权限

方法二：

(1) 打开【Internet Information Services(IIS)管理器】主窗口，找到【网站】，单击【销售部文档】，再双击【FTP 授权规则】，如图 9-30 所示。

(2) 在如图 9-31 所示的【FTP 授权规则】窗口中，单击右侧窗口的【添加拒绝规则】链接，弹出【添加拒绝授权规则】对话框，如图 9-34 所示，设置拒绝财务部组(finances)读/写权限，单击【确定】按钮保存设置，结果如图 9-35 所示。

图 9-34　编辑拒绝规则

图 9-35　查看 FTP 授权规则

9.4　实 践 训 练

9.4.1　任务 1：为主机安装 IIS 服务

任务目标：掌握如何在 Windows Server 2012 下安装 IIS 8。

包含知识：安装的具体步骤。

实施过程: (略)

常见问题解析：安装 IIS 8 之前必须检查是否已经正确配置了计算机上的网络服务。

9.4.2　任务2：创建一个 Web 站点

任务目标： 利用 IIS8 架设 Web 站点。

包含知识： 在 IIS 8 中创建一个 Web 站点。

实施过程：

(1)　Web 站点的名称：我的第一个站点。

(2)　Web 站点的 IP 地址：安装 IIS 计算机的 IP 地址，这里即为本地机。

(3)　TCP 端口号：80。

(4)　Web 站点主目录的路径：D:\web。

(5)　Web 站点的访问权限：读取和执行脚本。

常见问题解析： 创建 Web 站点中设置默认文档时需要注意哪些问题？

默认文档就是 Web 网站的主页。如果系统未设置默认文档，访问网站时必须指定主页文件名的 URL，否则将无法访问网站主页。默认文档可以是一个，也可以是多个。当有多个默认文档时，Web 服务器安装排列按先后顺序依次调用文档。

9.4.3　任务3：在一台服务器上创建多个 Web 网站

任务目标： 公司希望能在已有的 Web 服务器上进行配置，实现多个站点的发布。

包含知识： 建立多个 Web 网站的几种方法。

实施过程：

1)　通过绑定多个 IP 创建多个站点

(1)　给 Web 服务器网卡绑定两个 IP 地址，分别为 192.168.0.21 和 192.168.0.25。

(2)　在 D 盘下创建 Web 目录，并在其目录下创建两个子目录，目录名分别为 wip-1 和 wip-2，并在每个目录中创建 index.html 文件，网页内容分别为 192.168.0.21 和 192.168.0.25。

(3)　创建两个站点，网站名称为 www-1 和 www-2，分别指向不同的 IP 地址(192.168.0.21 和 192.168.0.25)。

2)　通过域名创建多个站点

(1)　配置 DNS，能够解析 web1.biem1.com 和 web2.biem1.com 到 192.168.0.13。

(2)　在 D 盘的 web 目录下创建两个目录，目录名分别为 wdns-1 和 wdns-2。并在每个目录中创建 index.html 文件，网页内容分别为 web1.biem1.com 和 web2.biem1.com。

(3)　创建两个站点，主机名分别为 web1.biem1.com 和 web2.biem1.com。

3)　通过绑定不同端口创建多个站点

(1)　在 D 盘下创建 web 目录，并在其目录下创建两个目录，目录名分别为 wport-1 和 wport-2。并在每个目录中创建 index.html 文件，网页内容分别为 8008 和 8080。

(2)　创建两个站点，端口号分别为 8008 和 8080。

9.4.4　任务 4：创建一个 FTP 站点

任务目标： 利用 IIS8 架设 FTP 站点。

包含知识： 在 IIS8 中创建一个 FTP 站点。

实施过程：

(1)　站点名称为：常用软件工具。

(2)　站点的 IP 地址为(安装 IIS 计算机的 IP 地址)。

(3)　TCP 端口号：21。

(4)　站点的主目录：本地主目录 e:\ftp。

(5)　访问者的权限：读取权限。

常见问题解析：

(1)　配置 FTP 服务时有哪些要求？

虽然 IIS 中的 FTP 服务安装配置较简单，但对用户权限和使用磁盘容量的限制，需要借助 NTFS 文件夹权限和磁盘配额才能实现，不太适合复杂的网络应用。

(2)　当赋予用户写入权限时，如何限制每个用户写入的数据量？

当赋予用户写入权限时，许多用户可能会向 FTP 服务器上传大量文件，从而导致磁盘空间迅速被占用，为此限制每个用户写入的数据量就成为必要。如果 FTP 的主目录处于 NTFS 卷，则可以使用 NTFS 文件系统的磁盘限额功能来解决此问题。NTFS 文件夹权限要优先于 FTP 站点权限，多种权限设置组合在一起来保证 FTP 服务器的安全。

9.5　习　　题

1. 选择题

(1)　IIS 服务器使用(　　)协议为客户提供 Web 浏览服务。

A.　FTP　　　　　　B.　HTTP　　　　　　C.　SMTP　　　　D.　NNTP

(2)　在 Windows Server 2012 系统中安装 IIS 后，Web 服务器的默认文件夹位置为(　　)。

A.　C:\Inetpub\wwwroot　　　　　　　　B.　C:\Inetpub\ftproot

C.　D:\Inetpub\wwwroot　　　　　　　　D.　D:\Inetpub\ftproot

(3)　FTP 服务器默认使用的端口是(　　)。

A.　21　　　　　　　B.　23　　　　　　　C.　25　　　　　D.　53

(4)　从 Internet 上获得软件最常采用(　　)。

A.　www　　　　　　B.　Telnet　　　　　　C.　FTP　　　　D.　DNS

2. 思考题

(1)　IIS 8 的服务包括哪些？

(2)　如何利用 IIS 构建 Web 站点？Web 站点的日常维护工作有哪些？

(3)　如何利用 IIS 构建 FTP 站点？

第 10 章　活动目录与域

10.1　活动目录概述

活动目录(Active Directory)，是成就企业基础架构的根本，所有的高级服务都会向活动目录整合并利用其进行统一的身份验证、安全管理以及资源共用。活动目录将成为企业的智能化主管，网络管理者手里的"万能钥匙"。

10.1.1　什么是活动目录

活动目录是 Windows Server 2012 网络体系结构中一个基本且不可分割的部分。它提供了一套为分布式网络环境设计的目录服务。活动目录使得组织机构可以有效地对有关网络资源和用户的信息进行共享和管理。另外，目录服务在网络安全方面也扮演着中心授权机构的角色，从而使操作系统可以轻松地验证用户身份并控制其对网络资源的访问。同等重要的是，活动目录还担当着系统集成和巩固管理任务的集合点。活动目录的这些功能使组织机构可以将标准化的商业规则贯彻于分布式应用和网络资源当中，同时，无须管理员来维护各种不同的专用目录。

活动目录提供了对基于 Windows 的用户账号、客户、服务器和应用程序进行管理的唯一点。同时，它也帮助组织机构通过使用基于 Windows 的应用程序和与 Windows 相兼容的设备对非 Windows 系统进行集成，从而实现巩固目录服务并简化对整个网络操作系统的管理。公司也可以使用活动目录服务安全地将网络系统扩展到 Internet 上。活动目录因此使现有网络投资升值，同时，降低为使 Windows 网络操作系统更易于管理、更安全、更易于交互所需的全部费用。

活动目录的关键就在于"活动"两个字，千万不要将"活动"两个字去掉而仅仅从"目录"两个字去理解，它是动态的，它是一种包含服务功能的目录，它可以做到"由此及彼"的联想、映射。例如，找到了一个用户名，就可联想到它的账号、出生信息、E-mail、电话等所有基本信息，尽管组成这些信息的文件可能不在一起。同时，不同应用程序之间还可以对这些信息进行共享，减少了系统开发资源的浪费，提高了系统资源的利用效率。

活动目录包括两方面：目录和目录相关的服务。目录是存储各种对象的一个物理上的容器，目录管理的基本对象是用户、计算机、文件以及打印机等资源。而目录服务是使目录中所有信息和资源发挥作用的服务，如用户和资源管理、基于目录的网络服务、基于网络的应用管理。活动目录是一个分布式的目录服务。信息可以分散在多台不同的计算机上，保证快速访问和容错；同时，不管用户从何处访问或信息处在何处，对用户都提供统一的视图。

在当今网络计算的爆炸性增长的 Internet 时代，微软活动目录还广泛地采用了 Internet 标准，给用户带来了几乎无穷无尽的益处。活动目录集成了关键服务，如域名服务(DNS)、消息队列服务(MSMQ)、事务服务(MTS)等；集成了关键应用，如电子邮件、网管、ERP 等；同时还集成了当今关键的数据访问，如 ADSI、OLE DB 等。

由此看来，活动目录是 Windows 网络体系结构必不可少的、不可分割的重要组件，可以这样说：没有活动目录，就没有 Windows。所以理解活动目录，对于理解 Windows 的整体价值是十分重要的。

要想学好活动目录，首先我们需要学习了解一些活动目录中使用的名词。

1. 名字空间

从本质上讲，活动目录就是一个名字空间，我们可以把名字空间理解为任何给定名字的解析边界，这个边界就是指这个名字所能提供或关联、映射的所有信息范围。

通俗地说就是我们在服务器上通过查找一个对象可以查到的所有关联信息总和。例如一个用户，如果我们在服务器已给这个用户定义了如：用户名、用户密码、工作单位、联系电话、家庭住址等，那上面所说的总和广义上理解就是"用户"这个名字的名字空间，因为我们只输入一个用户名即可找到上面所列的一切信息。名字解析是把一个名字翻译成该名字所代表的对象或者信息的处理过程。举例来说，在一个电话目录形成一个名字空间中，我们可以从每一个电话户头的名字解析到相应的电话号码，而不是像现在一样名字是名字，号码归号码，根本不能横向联系。Windows 操作系统的文件系统也形成了一个名字空间，每一个文件名都可以被解析到文件本身(包含它应有的所有信息)。

2. 对象

对象是活动目录中的信息实体，也即我们通常所见的"属性"，但它是一组属性的集合，往往代表了有形的实体，比如用户账户、文件名等。对象通过属性描述它的基本特征，比如，一个用户账号的属性中可能包括用户姓名、电话号码、电子邮件地址、家庭住址等。

3. 容器

容器是活动目录名字空间的一部分，与目录对象一样，它也有属性。但与目录对象不同的是，它不代表有形的实体，而是代表存放对象的空间。因为它仅代表存放一个对象的空间，所以它比名字空间小。比如一个用户，它是一个对象，但这个对象的容器就仅限于从这个对象本身所能提供的信息空间，如它仅能提供用户名、用户密码。其他的如工作单位、联系电话、家庭住址等就不属于这个对象的容器范围了。

4. 目录树

在任何一个名字空间中，目录树是指由容器和对象构成的层次结构。树的叶子、结点往往是对象，树的非叶子结点是容器。目录树表达了对象的连接方式，也显示了从一个对象到另一个对象的路径。在活动目录中，目录树是基本的结构，从每一个容器作为起点，层层深入，都可以构成一棵子树。一个简单的目录可以构成一棵树，一个计算机网络或者一个域也可以构成一棵树。

5. 域

域是 Windows 网络系统的安全性边界。我们知道一个计算机网络最基本的单元就是"域"，但活动目录可以贯穿一个或多个域。在 Active Directory 中，每个域名系统(DNS)

的域名标识为一个域,每个域由一个或多个域控制器管理。例如域名为 biem.com 的域,必须要有一个具有域控制器功能的服务器。在域中,使用域账户可以登录本域中的任何主机。使用域账户登录可以访问本域中的所有授权资源。本域中的系统管理员可以通过委派授权域账户来提高系统的安全性,便于账户集中管理。Windows Server 2012 创建的第一个域称为根域,是域树中所有其他域的根。域与 DNS 的域层级有紧密的关系,并与其相似。

6. 组织单位

包含在域中特别有用的目录对象类型就是组织单位。组织单位是可将用户、组、计算机和其他单元放入活动目录的容器中,组织单位不能包括来自其他域的对象。组织单位是可以指派组策略设置或委派管理权限的最小作用单位。使用组织单位,用户可在组织单位中代表逻辑层次结构的域中创建容器,这样用户就可以根据自己的组织模型管理账户、资源的配置和使用,可使用组织单位创建可缩放到任意规模的管理模型。可授予用户对域中所有组织单位或对单个组织单位的管理权限。组织单位的管理员不需要具有域中任何其他组织单位的管理权。组织单位有点像 Windows NT 系统中的工作组,我们从管理权限上来讲可以这么理解。

7. 域树

域树由多个域组成,这些域共享同一表结构和配置,形成一个连续的名字空间。树中的域通过信任关系连接起来,活动目录包含一个或多个域树。域树中的域层次越深级别越低,一个"."代表一个层次,如域 child.Microsoft.com 就比 Microsoft.com 这个域级别低,因为它有两个层次关系,而 Microsoft.com 只有一个层次。而域 Grandchild.Child.Microsoft.com 比 Child.Microsoft.com 级别低,道理一样。域树中的域是通过双向可传递信任关系连接在一起的。由于这些信任关系是双向的而且是可传递的,因此在域树或树林中新创建的域可以立即与域树或树林中每个其他的域建立信任关系。这些信任关系允许单一登录过程,在域树或树林中的所有域上对用户进行身份验证,但这不一定意味着经过身份验证的用户在域树的所有域中都拥有相同的权利和权限。因为域是安全界限,所以必须在每个域的基础上为用户指派相应的权利和权限。

8. 域森林

域森林由一个或多个没有形成连续名字空间的域树组成,它与上面所讲的域树最明显的区别就在于这些域树之间没有形成连续的名字空间,而域树则是由一些具有连续名字空间的域组成。但域森林中的所有域树仍共享同一个表结构、配置和全局目录。域森林中的所有域树通过 Kerberos(网络认证协议)信任关系建立起来,所以每个域树都知道 Kerberos 信任关系,不同域树可以交叉引用其他域树中的对象。域森林都有根域,域森林的根域是域森林中创建的第一个域,域森林中所有域树的根域与域森林的根域建立可传递的信任关系。

9. 站点

站点是指包括活动目录域服务器的一个网络位置,通常是一个或多个通过 TCP/IP 连接起来的子网。站点内部的子网通过可靠、快速的网络连接起来。站点的划分使得管理员可以很方便地配置活动目录的复杂结构,更好地利用物理网络特性,使网络通信处于最优状

高职高专计算机实用规划教材——案例驱动与项目实践

态。当用户登录到网络时，活动目录客户机在同一个站点内找到活动目录域服务器。由于同一个站点内的网络通信是可靠、快速和高效的，所以对于用户来说，他可以在最短的时间内登录到网络系统中。因为站点是以子网为边界的，所以活动目录在登录时很容易找到用户所在的站点，进而找到活动目录域服务器完成登录工作。

10. 域控制器

域控制器(Domain Controller，DC)是域中的管理计算机。域控制器使用 Active Directory 安装向导创建。在网络中创建第一个域控制器的同时，也创建了第一个域、第一个林和第一个站点，并安装了 Active Directory。在 Windows Server 2012 里，域中所有的域控制器都是平等的关系，所有的域控制器在用户访问和提供服务方面都是相同的。

Active Directory 采用多种复制方式。Windows Server 2012 在复制时自动比较 Active Directory 的新旧版，用新版本覆盖旧版本。当计算机登录域时，域控制器首先要鉴别这台电脑是否属于这个域，用户使用的登录账号是否存在、密码是否正确。如果以上信息有一样不正确，那么域控制器就会拒绝这个用户从这台电脑登录。不能登录，用户就不能访问服务器上有权限保护的资源，他只能以对等网用户的方式访问 Windows 共享出来的资源，这样就在一定程度上保护了网络上的资源。

10.1.2　活动目录的架构

要深入理解活动目录，必须从它的逻辑结构和物理结构入手。本节先介绍活动目录的逻辑结构。

活动目录允许组织机构按照层次式的、面向对象的方式存储信息，并且提供支持分布式网络环境的多主复制机制。

活动目录使用对象来代表诸如用户、组、主机、设备及应用程序这样的网络资源。它使用容器来代表组织(如市场部)或相关对象的集合(如打印机)。它将信息组织为由这些对象和容器组成的树结构，这与 Windows 操作系统用目录和文件来组织一台计算机上信息的方法非常类似。

此外，活动目录通过提供单一、集中、全面的视图来管理对象集合和容器集合间的联系。这使得资源在一个高度分布式的网络中更容易被定位、管理和使用。活动目录的层次式结构具有灵活性并且可以进行配置。因此，组织机构能够按照一种优化自身可用性和管理能力的方法对资源进行组织。

在图 10-1 中，容器用来代表用户、主机、设备和应用程序的集合。容器可以被嵌套(在一个容器中创建另一个容器)，从而精确反映公司内部的组织结构。将对象组织在目录中允许管理员在一个宏观层次上(作为集合)管理对象而非采取一对一的方式。这种方式在允许组织机构根据其自身商务运作来安排网络管理的同时，更增加了管理的效率和准确性。

图 10-1　活动目录使用层次方式组织

　　活动目录用对象的形式存储有关网络元素的信息。这些对象可以被设置属性来描述对象的特征。这种方式允许公司在目录中存储各种各样的信息并且密切控制对信息的访问。对象和属性级安全性允许管理员精确控制对存储在目录中的信息访问。

　　为了在分布式环境中提供高性能、可用性和灵活性，活动目录使用多主复制。这种机制允许组织机构创建被称作目录复制的多个目录拷贝，并把它们放置在网络中的各个位置上。网络中任一位置上的变更都将自动被复制到整个网络上(这与单主复制机制相反，在单主复制中，所有变更必须针对单一的、授权的目录复制)。

　　例如，完全同步的目录复制能够使活动目录在广域网(WAN)中的每个位置上均可使用。因为用户可以使用本地目录服务而非在广域网中漫游来定位资源，该过程能够向用户提供更高速的网络性能。根据可用的管理资源情况，这些相同的目录可在本地或远程进行管理。

　　从上面我们对活动目录的逻辑结构的介绍可以看出：活动目录的这种层次结构能帮助我们简化管理、加强网络安全、轻易地查找所需要的对象和资源，在大型企业网络环境下我们再也不会因为找不到共享资源而头痛。

10.1.3　活动目录的安全性

　　Windows Server 2012 服务器最主要的结构优势之一便是它对活动目录以及活动目录中实现新层次上数据保护的先进安全特征的集成。这对于通过 Internet 进行商务活动的组织机构尤为重要。

　　活动目录充当管理用户身份和网络资源控制访问验证的中央授权机构。它支持一系列用于在登录到 Windows Server 2012 这一层次之上证明身份的验证机制，包括 Kerberos，x.509 认证以及智能卡。一旦用户通过身份验证并登录，系统中的所有资源便被保护起来，同时，用户的访问根据一个单一的身份验证模型被准许或拒绝。这就意味着组织机构不必使用两种方法进行资源访问，其中一种方法针对通过内部网络登录的用户，而另一种方法则针对通过 Internet 上数字认证访问资源的用户。

另外，活动目录缺省支持完全集成的公开密钥基础设施(PKI)和 Internet 安全协议，如安全套接字协议层(SSL)之上的 LDAP 协议，来允许组织机构安全地将选定目录信息扩展到防火墙之外，以便将其提供给外部网络用户和电子商务用户。这样，通过允许管理员使用相同的工具和步骤来维护桌面系统用户、远程拨号用户和外部电子商务客户的访问控制和用户权限，活动目录加强了安全性并加速了电子商务的部署。

10.1.4　全局编录

全局编录(Global Catalog，GC)是域林中所有对象的集合，是一台特殊的域控制器。在默认情况下，在林中的初始域控制器上，会自动创建全局编录，其他域控制器也可以被指派为全局编录服务器，用于实现网络负载平衡和冗余。全局编录服务器负责响应网络中所有的全局编录查询，一旦出现问题，用户将无法查询和登录。建议网络安全要求较高的用户，配置多台全局编录服务器，以提高系统的可用性和可靠性。但需要注意的是，网络中 GC 之间的复制可能会增加一定的网络带宽开销。

当林中只有一个域时，则不必在登录时从全局编录获取通用组成员身份，因为 Active Directory 可以检测到林中没有其他域，并将阻止向全局编录查询此信息。

域控制器中存储的数据都是用户搜索操作中最常用的部分，可以为用户提供高效的搜索，避免再去调用域控制器中的 Active Directory 数据库对网络性能带来的影响。全局编录的主要功能如下。

1. 查找对象

全局编录允许用户在林中的所有域中搜索目录信息，无论目标数据存储在什么位置，都将以最快的速度和最低的网络流量在林中执行搜索。

2. 提供用户主体名称身份验证

当验证域控制器无法识别用户账户时，全局编录服务器会解析主体名称(User Principal Name，UPN)，从而确定其属于林中的哪个域。例如，如果某账户属于 a.biem.edu，并且使用 user@a.biem.edu 的 UPN 名称从一台位于 b.biem.edu(注意，用户是在使用另一个域的账户进行登录)的计算机上登录，则此时 b.biem.edu 无法为该用户提供身份验证，必须与全局编录服务器联系，经确认后该用户账户才能顺利登录。

3. 验证林内的对象引用

域控制器使用全局编录验证对林内其他域的对象的引用。当域控制器保留其属性包含对其他域中对象引用的目录对象时，域控制器将通过与全局编录服务器联系来验证引用的合法性。

4. 提供多域环境中的通用组成员身份信息

域控制器可以始终发现其域中任何用户的本地组和全局组成员身份，并且这些组的成员身份信息是不被存储在全局编录服务器上的。在单域林环境中，域控制器可以始终发现通用组成员身份，但通用组可以包含来自不同域的成员，因此将通用组的成员身份信息复制到全局编录服务器，可以提供更大范围的账户身份信息验证。在多域林环境中的用户登录到允许通用组的域时，域控制器必须与全局编录服务器联系，以检索用户可能在其他域中具有的任何通用组成员身份。

如果用户登录到通用组可用的域时，全局编录服务器不可用，则用户的客户端计算机可以使用缓存凭据登录；如果用户在此之前并未登录到过该域，则用户只能登录到本地计算机。

10.2　安装活动目录

理解了活动目录的原理之后，现在我们就可以进行活动目录的安装与配置了。活动目录的安装配置过程并不是很复杂，因为 Windows 中提供了安装向导，只需要按照提示一步步按系统要求设定即可。但安装前的准备工作显得比较复杂，只有充分理解了活动目录的前提才能正确地安装配置活动目录。下面详细地介绍一下活动目录的安装准备与配置过程。

10.2.1　活动目录安装前的准备

"活动目录"是整个 Windows 系统中的一个关键服务，它不是孤立的，它与许多协议和服务有着非常紧密的关系，还涉及整个 Windows 系统的系统结构和安全。

1. 安装活动目录的必备条件

(1) 管理员权限。若要安装新的 AD DS 林，你需要是服务器上的本地管理员。若要在现有的域中安装其他域控制器，你需要是域管理员组的成员。

(2) DNS 服务器。活动目录与 DNS 是紧密集成的，活动目录中域的名称的解析需要 DNS 的支持。而域控制器(装了活动目录的计算机就成为域控制器)也需要把自己登记到 DNS 服务器内，以便让其他计算机通过 DNS 服务器查找到这台域控制器，所以我们必须准备一台 DNS 服务器。同时，DNS 服务器也必须支持本地服务资源记录(SRV 资源记录)和动态更新功能。

由于活动目录与 DNS(域名系统)集成，共享相同的名称空间结构，因此注意两者之间的差异非常重要。

DNS 是一种名称解析服务，DNS 客户机向配置的 DNS 服务器发送 DNS 名称查询。DNS 服务器接收名称查询，然后通过本地存储的文件解析名称查询，或者查询其他 DNS 服务器进行名称解析。DNS 不需要活动目录就能运行。

活动目录是一种目录服务，它提供信息存储库以及让用户和应用程序访问信息的服务。活动目录客户使用"轻量级目录访问协议"(Lightweight Directory Access Protocol，LDAP)向活动目录服务器发送查询。要定位活动目录服务器，活动目录客户机将查询 DNS。活动目录需要 DNS 才能工作。

即活动目录用于组织资源，而 DNS 用于查找资源；只有它们共同工作才能为用户或其他请求类似信息的过程返回信息。DNS 是活动目录的关键组件，如果没有 DNS，活动目录就无法将用户的请求解析成资源的 IP 地址，因此在安装和配置活动目录之前，我们必须对 DNS 有深入的理解。

(3)　一个 NTFS 磁盘分区。安装活动目录过程中，SYSVOL 文件夹必须存储在 NTFS 磁盘分区。SYSVOL 文件夹存储着与组策略等有关的数据。所以我们必须要准备一个 NTFS 分区。当然，我们现在很少碰到非 NTFS 的分区(如 FAT、FAT32 等)。

(4)　设置本机静态 IP 地址和 DNS 服务器 IP 地址。大多时候我们安装过程不顺利或者安装不成功，都是因为我们没有在要安装活动目录的这台计算机上指定 DNS 服务器的 IP 地址以及自身的 IP 地址。

2. 安装 DNS 前的准备

安装"活动目录"没有安装一般 Windows 组件那么简单，在安装前要进行一系列的策划和准备。否则，轻则根本无法享受到活动目录所带来的优越性，重则不能正确安装"活动目录"这项服务。

(1)　首先是要规划好整个系统的域结构。

活动目录可包含一个或多个域，如果整个系统的目录结构规划得不好，层次不清就不能很好地发挥活动目录的优越性。在这里选择根域(就是一个系统的基本域)是一个关键，根域名字的选择可以有以下几种方案。

① 可以使用一个已经注册的 DNS 域名作为活动目录的根域名，这样的好处在于企业的公共网络和私有网络使用同样的 DNS 名字。

② 我们还可使用一个已经注册的 DNS 域名的子域名作为活动目录的根域名。

③ 为活动目录选择一个与已经注册的 DNS 域名完全不同的域名。这样可以使企业网络在内部和互联网上呈现出两种完全不同的命名结构。

④ 把企业网络的公共部分用一个已经注册的 DNS 域名进行命名，而私有网络用另一个内部域名，从名字空间上把两部分分开，这样做就使得每一部分要访问另一部分时必须使用对方的名字空间来标识对象。

在 Windows Server 2012 中，一般推荐使用第一种：用一个已经注册的 DNS 名称命名活动目录域。选择 DNS 名称用于活动目录域时，以保留在 Internet 上使用的已注册 DNS 域名后缀开始(如 microsoft.com)，并将该名称和单位中使用的地理(部门)名称结合起来，组成活动目录域的全名。例如，microsoft 的 sales 组可能称他们的域为 sales.microsoft.com。这种命名方法确保每个活动目录域名是全球唯一的。而且，这种命名方法一旦被采用，使用现有名称作为创建其他子域的父名称以及进一步增大名称空间以供单位中的新部门使用的过程将变得非常简单。

(2)　进行域和账户命名策划。

因为使用活动目录的意义之一就在于使内、外部网络使用统一的目录服务，采用统一的命名方案，以方便网络管理和商务往来。活动目录域名通常是该域的完整 DNS 名称。在创建用户账户时，管理员输入其登录名并选择用户主要名称。活动目录命名策略是企业规划网络系统的第一个步骤，命名策略直接影响到网络的基本结构，甚至影响网络的性能和可扩展性。活动目录为现代企业提供了很好的参考模型，既考虑到了企业的多层次结构，也考虑到了企业的分布式特性,甚至为直接接入 Internet 提供完全一致的命名模型。

用户主要名称由用户账户名称和表示用户账户所在的域的域名组成。这是登录到 Windows 域的标准用法。标准格式为:user@domain.com(像个人的电子邮件地址)。但不要在用户登录名或用户主要名称中加入"@"号。活动目录在创建用户主要名称时自动添加此符号。包含多个"@"号的用户主要名称是无效的。

在活动目录中,默认的用户主要名称后缀是域树中根域的 DNS 名。如果用户的单位使用由部门和区域组成的多层域树,则对于底层用户的域名可能很长。对于该域中的用户,默认的用户主要名称可能是 grandchild.child.root.com。该域中用户默认的登录名可能是 user@grandchild.child.root.com。这样用户登录时要输入的用户名可能太长,输入起来就非常不方便。Windows 为了解决这一问题,规定在创建主要名称后用户只要在根域后加上相应的用户名,使同一用户使用更简单的登录名 user@root.com 就可以登录,而不是前面所提到的那一长串。

(3) 规划用户的域结构。

最容易管理的域结构就是单域。规划时,用户应从单域开始,并且只有在单域模式不能满足用户的要求时,才增加其他的域。单域可跨越多个地理站点,并且单个站点可包含属于多个域的用户和计算机。在一个域中,可以使用组织单元(OU,Organizational Units)来实现这个目标。然后,可以指定组策略设置并将用户、组和计算机放在组织单位中。

(4) 规划用户的委派模式。

用户可以将权限下派给单位中最底层部门,方法是在每个域中创建组织单位树,并将部分组织单位子树的权限委派给其他用户或组。通过委派管理权限,用户不再需要那些定期登录到特定账户的人员,这些账户具有对整个域的管理权。尽管用户还拥有带整个域的管理授权的管理员账户和域管理员组,可以仍保留这些账户以备少数管理员偶尔使用。

(5) 最后要注意设置规划好域间的信任关系。

对于 Windows 计算机,通过基于 Kerberos 安全协议的双向、可传递信任关系启用域之间的账户验证。在域树中创建域时,相邻域(父域和子域)之间自动建立信任关系。在域林中,在树林根和添加到树林的每个域树的根域之间自动建立信任关系。如果这些信任关系是可传递的,则可以在域树或域林中的任何域之间进行用户和计算机的身份验证。

10.2.2 活动目录的安装

所有的新安装都是安装成为成员服务器,如果用户在新安装服务器时选择安装了"活动目录"选项,则系统就会出现类似于"如果您此时安装活动目录则系统中的所有域名就不能再次改变……"之类的提示。一般情况下我们在新安装系统时不选择安装活动目录,以便我们有时间来具体规划与活动目录有关的协议和系统结构。

建立域控制器时,可以新建一个域森林,一棵域树,或者仅仅是域控制器的另一个备份,非常方便。很多其他的网络服务,比如 DNS Server、DHCP Server 和 Certificate Server 等,都可以在以后与活动目录集成安装,便于实施策略管理等。

要想安装活动目录,必须有安装活动目录的管理员权限,否则无法安装。

具体操作步骤如下。

(1) 打开【服务器管理器】窗口，单击【添加角色和功能】，进入【添加角色和功能向导】界面，检查到静态 IP 地址(为 192.168.100.100)已配置完成，管理员账户使用的是强密码和最新的安全更新在实验过程中可以忽略，单击【下一步】按钮，如图 10-2 所示。

图 10-2　开始安装前的检测

如果静态 IP 地址还未设置，可以通过【控制面板】|【管理中心】|【网络与共享中心】|【网络连接】，选中要配置的网卡右击，从属性对话框设置 Internet 协议版本 4 属性，进行静态 IP 地址等相关设置。具体配置信息可从网管或者教师处获取，如图 10-3 所示。

图 10-3　配置静态 IP 地址

(2) 安装类型选择第一项【基于角色或基于功能的安装】，单击【下一步】按钮。

(3) 服务器选择服务器池中的本地服务器，单击【下一步】按钮。

(4) 服务器角色中确保已安装了"DNS 服务器"，如果没有安装，将【DNS 服务器】勾选上。然后勾选上【Active Directory 域服务】，同时也在该服务器上安装域服务管理工具，确认安装的内容，单击【添加功能】按钮，如图 10-4 所示。

Active Directory 域服务(AD DS)用于存储有关网络上的对象的信息，并向用户和网络管理员提供这些信息。AD DS 使用域控制器，向网络用户授予通过单个登录进程访问网络上任意位置的允许资源的权限。

图 10-4　角色选择 和功能选择

（5）　在 Windows Server 2012 上 Active Directory 域服务的安装不需要添加额外的功能，直接单击【下一步】按钮，如图 10-5 所示。

（6）　查看活动目录的安装信息，单击【下一步】按钮，如图 10-6 所示。

图 10-5　活动目录安装选择　　　　　图 10-6　AD 安装准备

（7）　确认选择无误，单击【安装】按钮开始安装，如图 10-7 所示。

（8）　"Active Directory 域服务"安装完成之后，单击【将此服务器提升为域控制器】，如图 10-8 所示。如果不慎单击【关闭】按钮关闭了向导，也可以在服务器管理器中找到进行设置。

图 10-7　开始安装　　　　　　　　图 10-8　域控制器提升

(9) 进入【Active Directory 域服务配置向导】窗口，因为此时还没有域的存在，第一个域肯定是新林新树新域，所以在部署操作中选中【添加新林】单选按钮并输入根域名，这里必须使用允许的 DNS 域命名约定，否则无法和外界集成，如图 10-9 所示。

(10) 创建新林，【域控制器选项】界面将显示以下选项，如图 10-10 所示。

图 10-9　添加新林　　　　　　　　　　图 10-10　域控制器选项

在默认情况下，林和域功能级别设置为 Windows Server 2012。

创建新林时，默认情况下选择 DNS 服务器。注意，如果 DNS 服务器和域控制器没有同时安装在此服务器时，不要勾选【域名系统(DNS)服务器】复选框。林中的第一个域控制器必须是全局目录 (GC) 服务器，且不能是只读域控制器 (RODC)。

需要目录服务还原模式 (DSRM) 密码才能登录未运行 AD DS 的域控制器。指定的密码必须遵循应用于服务器的密码策略，且默认情况下无需强密码，仅需非空密码。

(11) 安装 DNS 服务器时，应该在父域名系统 (DNS) 区域中创建指向 DNS 服务器且具有区域权限的委派记录。委派记录将传输名称解析机构和提供对授权管理新区域的新服务器对其他 DNS 服务器和客户端的正确引用。由于本机父域指向的是自己，无法进行 DNS 服务器的委派，不用创建 DNS 委派，如图 10-11 所示。

图 10-11　DNS 委派

(12) 确保为域分配了 NetBIOS 名称，如图 10-12 所示。

(13)【路径】界面可以用于覆盖 AD DS 数据库、数据库事务日志和 SYSVOL 共享的默认文件夹位置。默认位置始终位于 %systemroot% 中，保持默认即可，如图 10-13 所示。

图 10-12　NetBIOS 名称设置

图 10-13　活动目录路径设置

(14)【查看选项】界面用于验证设置并确保在开始安装前满足要求。这不是停止使用服务器管理器安装的最后一次机会。此页用于先查看和确认设置，再继续配置，如图 10-14 所示。

(15)【先决条件检查】界面中显示了一些警告，包括：运行 Windows Server 2008 或更高版本的域控制器具有一个用于"允许执行兼容 Windows NT 4 加密算法"的默认设置，在建立安全通道会话时它可以防止加密算法减弱；无法创建或更新 DNS 委派。单击【安装】按钮开始安装，如图 10-15 所示。

图 10-14　安装选项汇总

图 10-15　开始安装

(16) 安装完毕之后系统会自动重启，重启之后将以域管理员的身份登录，到此，域控制器配置完毕，如图 10-16 所示。

图 10-16　使用管理员账号登录系统

(17) 检查活动目录是否安装成功，如图 10-17 所示。

执行命令 "netdom query fsmo"，可以看到 5 项检测都成功了。

图 10-17　安装检测

详细信息可执行命令 "dcdiag /a"，将逐项检测活动目录的运行情况，如图 10-18 所示。

```
PS C:\Users\Administrator> dcdiag /a

目录服务器诊断

正在执行初始化设置:
    正在尝试查找主服务器...
    主服务器 = WIN-6HIDVC5UANN
    * 已识别的 AD 林。
    已完成收集初始化信息。

正在进行所需的初始化测试

    正在测试服务器: Default-First-Site-Name\WIN-6HIDVC5UAN
        开始测试: Connectivity
```

图 10-18　查看详细信息

10.3　设置活动目录

10.3.1　把计算机加入到域

当一个计算机要登录到域时，管理员先要为该计算机创建一域用户账号，这台计算机凭这个域用户账号才能登录到域，共享域中资源。要把计算机加入域中，首先需要修改本地网络设置，把本机 DNS 服务器设置为指向域的 DNS 服务器。

把计算机加入到域的具体操作步骤如下。

(1) 在【我的电脑】上单击鼠标右键，在弹出的快捷菜单中选择【属性】命令，在弹出的【系统属性】对话框中切换到【计算机名】选项卡，如图 10-19 所示。

(2) 单击【更改】按钮弹出【计算机名称更改】对话框，在【隶属于】选项组中选中【域】单选按钮，并输入要加入的域名称，单击【确定】按钮，如图 10-20 所示。

(3) 输入域用户名称和密码，单击【确定】按钮进行验证，如图 10-21 所示。

(4) 如果验证通过，则如图 10-22 所示，域加入成功。此时，系统重新启动计算机，用户使用域账户及密码进行登录时就可以登录到域了。

图 10-19　【计算机名】选项卡

图 10-20　更改计算机的隶属关系

图 10-21　域用户身份验证

图 10-22　域加入成功

10.3.2　安装现有域的额外的域控制器

当某域用户需要登录到域时，如域控制器处于关闭状态或者死机状态，那么此时进行登录的客户机将无法登录到域。为了避免类似情况发生，保证任何时候想登录的计算机都能够及时登录到域。系统需要再建立一台域控制器，用来防止其中一台出现意外损坏的情况是很有必要的。域中建立的第二台域控制器被称为额外域控制器。

安装现有域的额外域控制器的具体操作步骤如下。

(1) 配置主域控制器，把网络设置的第一 DNS 服务器指向额外域控制器的 IP 地址，第二 DNS 服务器指向自己的 IP 地址。

(2) 配置额外域控制器，把网络设置的第一 DNS 服务器指向主域控制器的 IP 地址，第二 DNS 服务器指向自己的 IP 地址。

(3) 在要作为额外域控制器的计算机上开始安装域控制器。在出现的【部署配置】向导界面中要选择【将域控制器添加到现有域】，如图 10-23 所示。

(4) 单击【下一步】按钮直至最终完成安装，在网络凭据界面中输入具有安装活动目录权限的用户名称和密码；在域控制器界面中输入现有域的 DNS 全名。

图 10-23　安装额外域控制器

(5) 安装完成后，重新启动计算机，登录成功后这台计算机就成为现有域的额外域控制器了。

把每个服务器的第一 DNS 设置指向对方，可以实现负载均衡，均担负荷。额外域控制器配置成功后，域中信息也会自动同步。

10.3.3　在域控制器上删除活动目录

当域控制器不再需要时，可以对域控制器进行删除。如果要删除的是主域控制器，则额外域控制器将升级成为主域控制器；如果要删除的是域中最后一台域控制器，域就不存在了。

如果让要删除的域控制器直接消失，那么其他的域控制器就无法得知这个消息，每隔一段时间其他的域控制器还会试图和这个域控制器进行 AD 复制，客户机也有可能会把用户名和口令送到这个域控制器上进行验证。因此，要做常规卸载，以通知其他相关节点，做到 DNS 中的 SRV 记录自动更新，以及其他域控制器中的消息同步。

删除域控制器步骤如下。

(1) 在服务器管理器中选择【管理】|【删除角色与功能】命令，进入删除角色与功能向导，如图 10-24 所示，单击【下一步】按钮。

(2) 在服务器选择列表中选择要删除的服务器，如图 10-25 所示。

图 10-24　删除域控制器

图 10-25　服务器选择

(3) 如图 10-26 所示，取消勾选【Active Directory 域服务】复选框。

图 10-26　选择卸载的服务

(4) 单击【删除功能】按钮，进行 AD 服务的卸载，如图 10-27 所示。

(5) 由于域还没有删除，AD 服务在删除前，需要把域控制器降级为普通服务器。单击【将此域控制器降级】，如图 10-28 所示。

图 10-27　删除功能　　　　　　　　　　　图 10-28　降级域控制器

(6) 如果当前域控制器是最后一台域控制器，勾选【域中的最后一个域控制器】复选框。当最后一个域控制器被删除时，域信息将丢失，在如图 10-29 所示中，勾选【强制删除此域控制器】复选框，进行删除。

高职高专计算机实用规划教材——案例驱动与项目实践

图 10-29　删除域控制器

(7) 按照向导，完成剩余操作，完成域控制器的降级和活动目录服务的卸载。

10.4　域的信任关系

在实际应用的时候，多域协同工作是很常见的。例如，某公司的总部在北京，在上海还有一家分公司，此时我们要想进行单域的控制及管理是不太符合实际的。假如域控制器在北京，那么所有上海的员工就必须要远程登录到北京的域控制器上登录和审核，这种现状显然效率较差。如果遇到网络故障，那么上海分公司的员工就无法登录了。很明显这是不合理的选择。

这种情况下，我们一般会在两地分别建立域控制器来管理本地的公司网络。此时，如果总公司的员工需要访问分公司域中的资源，则需要对账户的身份进行验证，而一个域中的域控制器只能验证本域的账户身份，不能验证其他域的账户。这时候域间的信任关系就会发挥作用了，即建立域与域之间的信任关系，使资源所在的域(资源域或信任域)信任账户所在的域(账户域，被信任域)。

域信任关系是一种建立在域间的关系，它使得一个域中的用户可以由另一个域中的域控制器进行验证。信任的类型可以分为林中的信任、林之间的信任。

在一般的情况下，林中的默认信任域关系的特点一般有 3 个。

- 自动建立：林中的域之间的信任关系是在创建子域或者域树时自动创建的。
- 传递信任：林中的域的信任关系是可传递的：就像"张三"信任"李四"，"李四"信任"王五"，因而"张三"也就信任"王五"。
- 双向信任：双向信任是指在两个域之间有两个方向上的两条信任：就像"张三"相信"李四"，"李四"相信"张三"一样。

林中的信任分为：树根信任和父子信任。树根信任，在同一个林中的两个域树之间的存在；父子信任，在同一个域树中父域和子域之间的存在。

林中的信任是自动建立的，而且是双向的可传递的信任关系；虽然信任关系的建立为跨域访问资源提供了前提条件，但是成功访问还是必须设置权限的。

林之间的信任分为：外部信任和林信任。外部信任是指在不同林的域之间创建的不可传递的信任；林信任是在 Windows Server 2012 林中特有的信任，是 Windows Server 2012 林根域之间建立的信任，在两个 Windows Server 2012 林之间创建林信任可为任一林内的各个域之间提供一种单向或者双向的可传递的信任关系。

10.5 实 践 训 练

10.5.1 任务 1：安装活动目录配置 DNS 服务器

任务目标：安装一台域控制器，并在同一台计算机上安装并配置 DNS 服务器。

包含知识：活动目录与 DNS 是紧密集成的，活动目录中域的名称的解析需要 DNS 的支持。而域控制器(装了活动目录的计算机就成为域控制器)也需要把自己登记到 DNS 服务器内，以便让其他计算机通过 DNS 服务器查找到这台域控制器，所以我们必须要准备一台 DNS 服务器。同时 DNS 服务器也必须支持本地服务资源记录(SRV 资源记录)和动态更新功能。

实施过程：

(1) 安装 DNS 服务器并配置：略。

(2) 把本机网络设置中的首选 DNS 服务器指向本机 IP。

(3) 安装活动目录：略。

(4) 配置 DNS 属性，把 DNS 集成到活动目录中。

(5) 测试域名解析是否正常工作。

常见问题解析：安装活动目录过程中需要注意哪些问题？

(1) 数据库文件夹和日志文件夹可以分开保存，以提高安全性。

(2) 活动目录服务必须与 DNS 集成，才可以正常运行。

(3) 设置"活动目录还原模式的管理员密码"时，该账户和域管理员账户不同，仅是在还原活动目录服务模式下设置的密码，可能与域管理员的密码不同，一定要记清楚。

(4) 安装好的域控制器如果要改名，须从域控制器上删除 Active Directory，使其成为一般的服务器。

10.5.2 任务 2：域操作实验

任务目标：域操作、加入域；将域中的成员服务器提升为域控制器。

实施过程：

(1) 将成员服务器加入域。

(2) 把成员服务器升级为当前域的额外域控制器。

(3) 将额外域控制器降级成成员服务器。

常见问题解析：

(1) 将成员服务器加入域的操作过程中，需要注意什么问题？

① 安装活动目录时，要同时安装和配置 DNS 服务器。

② 首选 DNS 服务器的地址指向本机 IP 地址。

③ 需要提供的账户名和密码为域控制器的系统管理员的名称和密码。

(2) 删除活动目录须注意什么问题？

① 如果该域内还有其他域控制器，则该域会被降级为该域的成员服务器。

② 如果这个域控制器是该域的最后一个域控制器，则被降级后，该域内将不存在任何域控制器了。因此，该域控制器被删除，而该计算机被降级为独立服务器。

③ 如果这台域控制器是"全局编录"，则将其降级后，它将不再担当"全局编录"的角色，因此请先确定网络上是否还有其他"全局编录"域控制器。

10.6 习 题

1. 填空题

(1) 目录树中的域通过( )关系连接在一起。

(2) 第一个域服务器配置成为域控制器，而其他所有新安装的计算机都成为成员服务器，并且其活动目录服务可以事后使用( )命令进行安装。

2. 选择题

(1) 下列属于 Windows Server 2012 活动目录的集成性管理内容的是( )。

　　A. 用户和资源管理　　　　　　　B. 基于目录的网络服务

　　C. 基于网络的应用管理　　　　　D. 基于共享资源的服务

(2) 下面关于域的叙述中正确的是( )。

　　A. 域就是由一群服务器计算机与工作站计算机所组成的局域网系统

　　B. 域中的工作组名称必须都相同，才可以连上服务器

　　C. 域中的成员服务器是可以合并在一台服务器计算机中

　　D. 以上都对

(3) 通过哪种方法安装活动目录？( )

　　A. Dcpromo　　　　　　　　　　B. 管理工具/计算机管理

　　C. 管理工具/Internet 服务管理器　　D. 以上都不是

3. 问答题

(1) 全局编录有什么作用？

(2) 活动目录实际上是一个网络清单，包括网络中的域、域控制器、用户、计算机、联系人、组、组织单位及网络资源等各个方面的信息，使管理员对这些内容的查找更加方便。要查找目录内容，该如何操作？

第 11 章　活动目录的管理

学习提示

活动目录管理是 Windows Server 2012 中管理的核心内容。本章主要介绍了域账号的管理、组织单位的管理以及在活动目录中共享资源的方法。

学习目标

掌握域用户账号的创建和管理方法；掌握域中组账号的创建和管理方法；掌握组织单位的创建和管理方法；掌握在活动目录中发布和管理资源的方法。

11.1　域用户账户的创建和管理

11.1.1　域用户账户简介

企业网络中存在着大量用户，就像现代社会一样，要想和谐地运行，就需要规范和管理。我们每个人要和别人交流，首先需要一个合法的身份，比如住宿需要身份证，考试需要准考证。在网络社会中我们的合法身份的赋予就是用户账号。在网络中用户账号作为身份的唯一标识，通过这个唯一标识，可以确认用户身份，进而通过赋予此账号对应的权力和对资源访问的权限，来管理和控制用户的行为。

Windows Server 2012 中的用户账号可以分为本地用户账号和域用户账号，其中本地用户账号位于工作组中的计算机及域中非 DC 的计算机上，域用户账号位于域控制器上。管理本地用户账号使用计算机管理控制台下的【本地用户和组】，管理域用户账号使用【Active Directory 用户和计算机】。

当普通服务器升级成为域控制器时，本地用户账号就不能继续使用了，在域控制器中只存有域用户账号。这是因为如果本地用户账号作为合法用户，那么本地用户就可以直接登录服务器，获得管理权限，进而对域控制器进行操作，甚至删除活动目录，把计算机降级为普通的计算机，导致域管理彻底崩溃，这是绝对不允许的。所以，为保证域的安全，在域控制器上是没有本地用户账号的。

11.1.2　创建域用户账户

当有新的用户需要访问域中的资源时，就需要创建新的用户账号。

具体操作步骤如下。

(1) 在服务器管理器页面，单击 "AD DS" 列表项，在右侧服务器列表中，指向域控制器右击，通过快捷菜单打开【Active Directory 用户和计算机】，在控制台的 Users 容器上

单击鼠标右键，或者单击菜单中的"操作"，在菜单中依次选择【新建】|【用户】命令，如图 11-1 所示。

图 11-1　创建域用户

(2)　在【新建对象-用户】对话框中输入用户的姓名及用户登录名信息，如图 11-2 所示。

图 11-2　填写新建账号信息

(3)　单击【下一步】按钮为用户设置密码，设置密码时的选择如图 11-3 所示。

管理员创建用户时如果勾选【用户下次登录时须更改密码】复选框，那么当用户登录的时候，就会出现提示，需要用户重新设定密码。设好之后，这个密码就只有用户自己知道了。当然，虽然管理员也不能查看用户的密码是什么，但是管理员具有可以随时更改某用户密码的权限。

- 【用户下次登录时须更改密码】复选框：常被管理员创建用户时所勾选。
- 【用户不能更改密码】复选框：勾选此复选框用户将没有能力更改自己的密码。当然，管理员还是有权限可以更改用户密码的。
- 【密码永不过期】复选框：勾选此复选框系统将忽略系统默认的密码过期时间(42 天)。

● 【账户已禁用】复选框：勾选此复选框则账户将不能登录，直到管理员解除这个限制。

图 11-3　密码设置

(4) 选择好合适的选项后，单击【完成】按钮，如图 11-4 所示。

(5) 由于域控制器默认安全级别较高，所以可能密码设置不当，会不符合安全需求，此时需要单击【上一步】按钮回到密码设置页面重新设置安全的密码，如图 11-5 所示。

图 11-4　配置密码结果信息　　　　　图 11-5　域用户创建成功

安全密码的标准，包括不包含用户名中的部分，包含大写字母/小写字母/数字/特殊字符四类字符中至少三类，长度不小于 8 位等。比如一个大写字母，加上一个小写字母，再加上最少六位数字即可。

(6) 密码满足要求后，账号创建成功，如图 11-6 所示。

图 11-6 域用户创建成功

11.1.3 管理域用户账户

用户账号创建完成后，此用户就可以凭借账号信息登录到域中了。但作为管理员来说，他还有很多工作要做。对域管理员来说，经常要做的就是对域中的用户账号进行管理。要为不同的用户分配不同的权限，每当员工工作调动、出差，或者发生其他变动的时候，管理员就需要及时为用户进行权限变更。

打开【Active Directory 用户和计算机】控制台窗口，右击某一个用户账号，在弹出的快捷菜单中选择相应的命令就可以对其进行管理工作了，如图 11-7 所示。

图 11-7 管理域用户账号

其中：

- 【添加到组】表示把用户账号加入到一个组账号中，这样用户账号就可以自动获得组账号具有的权限。
- 【禁用账户】可以停用员工账户，使他不能登录，比如员工出差，为了防止别人盗用，就可以暂时禁用账户，等员工回来再恢复。

- 【重置密码】是当员工忘记密码时，由管理员重新为用户设定一个密码，和普通用户不同，管理员重设密码时是不需要输入原始密码的。
- 【删除】可以彻底删掉用户的账户，并且无法恢复，要慎用。
- 【重命名】可以把用户的账号名称改变，比如系统内置账号 administrator 一直是黑客攻击的目标，我们就可以把它改个名字，这样比较安全。

每一个用户账号都包含大量的信息，在【Active Directory 用户和计算机】控制台窗口下的某个用户账号上右击，在弹出的快捷菜单中选择【属性】命令，就可以打开用户账号的【liuxuegong 属性】对话框，如图 11-8 所示。

【liuxuegong 属性】对话框中共有 16 个选项卡，要想把这 16 个选项卡都显示出来，首先要在【Active Directory 用户和计算机】控制台下，打开【查看】菜单，选中其中的【高级功能】选项。在这 16 个选项卡中，【常规】、【地址】、【电话】、【组织】这几个选项卡分别用来输入用户账号中的个人信息。管理员应尽可能详细地填写用户的信息，尤其是在用户比较多的时候，可以通过这些信息对用户进行查询。

【账户】选项卡里的设定比较重要，如图 11-9 所示，详解如下。

图 11-8　【liuxuegong 属性】对话框

图 11-9　【账户】选项卡

- 第一行设定的是用户的主名，看起来和电子邮件书写方式是一样的，这样的名称既可以保证全球唯一性，又具有良好的层次感。是 Windows Server 2012 推荐使用的表示方式。
- 第二行是为了兼容以前版本保留的主机名设定。
- 单击【登录时间】按钮，就会出现【liuxuegong 的登录时间】对话框，如图 11-10 所示。

在这里可以设置允许该用户账号登录域的时间段，其中，蓝色方块表示可以登录，白色方块表示不可以登录。需要注意的是：这个限制登录只能在用户登录的时候进行审核，当用户登录后，即使超出时间范围，系统也不会自动断开。如果需要的话，用户可以通过组策略设置【网络安全：在超过登录后强制注销】。

图 11-10　设置用户登录时间

- 单击【登录到】按钮可以打开【登录工作站】对话框，在这里可以设置此用户可
  以使用哪些工作站登录到域，也是一个很有用的管理项，可以减少很多的安全隐
  患。【账户选项】列表框中有 10 个选项，分别用来设置账号的密码选项和账号禁
  用等。【账户过期】选项组可以设定过期时间，比如对临时工进行限定。

　　【配置文件】选项卡分为【用户配置文件】和【主文件夹】两部分。【用户配置文件】
定义了当用户登录到计算机时所获得的工作环境，包括桌面设置、快捷方式、屏幕保护、
区域设置以及网络连接和打印机设置等。需要注意的是，用户配置文件不是一个独立的文
件，而是由一系列的文件和文件夹组成的，而且每个用户登录到一台计算机后都会有自己
的配置文件。主文件夹是域用户账号的一项重要功能，也称为宿主目录，它可以使用户无
论从哪里登录，都可以在同一个文件夹中存取文件。

　　【隶属于】选项卡中可以查看用户属于哪些组的成员，如图 11-11 所示。单击【添加】按
钮可以把用户添加到某个组中，选中某个组账号后单击【删除】按钮可以把用户从组中删除。

图 11-11　【隶属于】选项卡

其他选项卡略。

11.1.4　账号的安全

用户使用账号就可以登录系统，进行工作了。账号是进入系统的通行证，是开启操作系统的钥匙。要保证网络中的数据安全，首要的任务就是确保账号安全。

严格的密码策略是账号安全的第一道屏障。一般情况下应禁止使用空密码。在具体设定密码时，应使用不易破解的密码，应具有足够的密码长度以加大破解的难度，应尽量不使用类似生日、电话号码等个人信息来设定密码。

一般来说，推荐使用的密码应遵循以下原则：密码至少应包括字母、数字、大小写、特殊符号，应具有一定的长度(一般来说 8 位以上)，最好是无意义的组合。另外，密码要定期修改，不要长时间使用同一密码。例如，我很喜欢一句话"蓦然回首，那人却在灯火阑珊处！"就可以使用拼音首字母拼成一个密码"Mrhs，Nrqzdhlsc！"长度够长，大小写、特殊字符都有，也没什么确定含义，最重要的是好记，这就是不错的密码。

此外，最好把 Administrator 账号进行重命名，因为操作系统是靠用户的 SID(安全标识符)而不是靠用户的名字来识别每一个用户账号的，即使把 Administrator 账号改名也不影响使用。

还要注意的是 Guest 账号。Guest 账号是系统内置的来宾账号，供未经授权的用户访问系统时使用的，所以除非必要，否则不启用 Guest 账号。即使要用，也不要为它赋予额外的权限。

11.2　域中组账户的创建和管理

11.2.1　活动目录中组账户的分类

按照组的类型进行分类，组账号有两种类型：通讯组和安全组。通讯组用来组织用户账号，没有安全特性，一般不会用来进行授权。在通讯组中可以存储联系人和用户账号；安全组具备通讯组的全部功能，并可以用来为用户和计算机分配权限，是系统安全主体，它出现在定义资源和对象权限的访问控制列表中。

按照组的范围进行分类，可以分为 3 种类型，即全局组、本地组和通用组。

全局组是用来管理那些具有相同管理任务或者访问许可的用户账号。全局组中只能包含该全局组所在域的用户账号。全局组可以成为任何域的本地组的成员。在 Windows Server 2012 混合模式下全局组不能嵌套。一般来说，全局组只用于组织用户账号，而不用于授权。

本地组用来给本域中的资源分配权限，它只在本域中可见。本地组可以包含任何域的用户账号和任何域的全局组和通用组。在 Windows Server 2012 混合模式下本地组不能嵌套。

通用组的主要作用是在多域环境下组织全局组，简化管理任务。通用组的成员可以包含任何域的用户账号、任何域的全局组和通用组，可以成为任何域中本地组的成员。在单域环境下使用全局组和本地组就足够了。在 Windows Server 2012 混合模式下通用组不能使用。

11.2.2　在域中创建组账户

了解了域中组账号的特点后，我们就可以在域中创建并使用组账号了。

具体操作步骤如下。

(1)　在域控制器中打开服务器管理器，选择 AD DS，打开【Active Directory 用户和计算机】窗口，在 Users 容器上右击，在弹出的快捷菜单中依次选择【新建】|【组】命令，如图 11-12 所示。

图 11-12　创建组账号

(2)　弹出【新建对象-组】对话框，如图 11-13 所示。

- 在【组名】文本框中输入新建的组账号名称。和用户名一样，组名在所属域中必须唯一。
- 在【组作用域】选项组中按需要选择全局组、本地域组或通用组。
- 在【组类型】选项组中根据需要选择安全组和通讯组。

图 11-13　【新建对象-组】对话框

(3) 单击【确定】按钮创建组账号，返回控制台下可以看到新建的组账号，如图 11-14 所示。

图 11-14　组账号创建成功

11.2.3　管理组账户

组账号的管理包括组账号信息的设置、管理组账号成员关系、设置组账号的管理者、组账号的重命名和删除等。

(1) 设置组账号信息。在域控制器中打开服务器管理器，选择【工具】|【Active Directory 用户和计算机】命令，打开【Active Directory 用户和计算机】窗口，展开目录，右击 TestGroup，从快捷菜单中选择【属性】命令，打开【TestGroup 属性】对话框，如图 11-15 所示。

图 11-15　【Test Group 属性】对话框

高职高专计算机实用规划教材——案例驱动与项目实践

(2) 设置组成员。在【TestGroup 属性】对话框中切换到【成员】选项卡，单击【添加】按钮，在弹出的【选择用户、联系人或计算机】对话框中单击【高级】按钮，从弹出的对话框中单击【立即查找】按钮，系统即显示搜索结果，管理员可根据需要来设置组成员的权限，如图 11-16 所示。

图 11-16　向组里添加用户

(3) 设置组管理者。在【TestGroup 属性】对话框中切换到【管理者】选项卡，单击【更改】按钮，在弹出的对话框中单击【高级】按钮，打开【选择用户或联系人】对话框，单击【立即查找】按钮，管理员可从搜索结果中指定一个用户后确认即可。

(4) 组账号重命名。打开【Active Directory 用户和计算机】窗口，从目录树中单击 Users，展开组账号，选择一个账号并右击，从快捷菜单中选择【重命名】命令，然后依提示操作即可，如图 11-17 所示。

图 11-17　组账号重命名

(5) 删除组账号。选择组账号，右击，从弹出的快捷菜单中选择【删除】命令即可，如图 11-18 所示。

图 11-18　删除组账号

11.3　组织单位的创建和使用

11.3.1　组织单位简介

组织单位(Organizational Units，OU)是活动目录管理中的重要手段。一般来说，组织单位与公司中的行政管理部门相对应，是活动目录对象的容器。在组织单位中可以有用户账号、组账号、计算机、打印机、共享文件夹、子组织单位等对象。

组织单位和组账号是有区别的。虽然二者都是为了进行管理而创建的，但是组账户中能包含的对象类型比较有限，而组织单位中不仅可以包含用户账号和组账号，还可以包括计算机、打印机、共享文件夹、联系人等其他活动目录对象。所以组织单位中可以管理的资源要多得多，作用也要大得多。创建组账户的目的主要是给某个 NTFS 分区上的资源赋予权限，而创建组织单位的目的主要是用于委派管理权限，就像大公司的总经理不可能直接管理所有的一切，而是把对应的权力下放给副总经理，副总经理再下放给各部门经理，通过逐级下放，分层管理，来获得较好的管理效果。我们的网络管理员会创建对应的组织单位并为每一级组织单位分派管理者，就像总经理、副总经理、经理一样，这样，就可以实现较大规模资源的管理了。除此之外，组织单位还有一个很重要的功能就是可以在组织单位上设置组策略，对组织单位中的资源进行严格的策略管理。就像在公司中定义规章制度、岗位职责一样。组账号是没有这个功能的。如果删除一个组账号，那么只是删掉了这种组织形式，组中的资源对象仍然存在。如果删除了组织单位，那么组织单位内部包含的所有对象都将被删除，这也是一个很重要的区别。

11.3.2　在活动目录中创建组织单位

安装活动目录后,在【Active Directory 用户和计算机】窗口中只有一个组织单位:Domain Controllers,其中包含该域中充当域控制器角色的计算机账号。要想在域中进行资源管理,可以用手工创建其他的组织单位。

具体操作步骤如下。

(1)　在【Active Directory 用户和计算机】窗口(见图 11-19)中右击相应容器,然后在弹出的快捷菜单中选择【新建】|【组织单位】命令。注意:只能在域容器和组织单位容器下才可以创建组织单位。

(2)　在弹出的【新建对象-组织单位】对话框中的【名称】文本框中输入该组织单位的名称,如图 11-20 所示。

图 11-19　【Active Directory 用户和计算机】窗口中创建组织单位

图 11-20　【新建对象-组织单位】对话框

(3)　单击【确定】按钮,完成组织单位创建。返回控制台,可以看到组织单位创建成功，如图 11-21 所示。

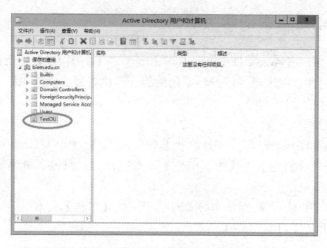

图 11-21 查看新建的组织单位

　　组织单位创建成功后，还可以在组织单位下面再创建子组织单位，方法是一样的。在组织单位中我们还要创建各种资源对象，如果资源对象已经创建，我们可以把该对象移动到组织单位中。

11.3.3 在活动目录中管理组织单位

　　对组织单位的管理包括设置常规信息、管理者、对象、安全性、组策略等。

　　具体操作步骤如下。

　　(1) 在【Active Directory 用户和计算机】窗口中的某组织单位上右击，在弹出的快捷菜单中选择【属性】命令，如图 11-22 所示，可以看到共有 3 个选项卡。

图 11-22 组织单位的属性对话框

(2)　在【常规】选项卡中输入组织单位的信息，尤其是要输入【描述】信息，我们可以根据信息利用活动目录查找工具来搜索资源。在【管理者】选项卡中可以为组织单位指定管理者。

(3)　选择【操作】|【委派控制】命令，可以进入控制委派向导，为选定的组织单元授予下级管理权限，单击【下一步】按钮，如图 11-23 所示。

(4)　单击【添加】按钮，选择用户或者组作为委派目标，单击【下一步】按钮，如图 11-24 所示。

图 11-23　委派控制向导

图 11-24　选择委派目标

(5)　勾选要授权的委派任务，单击【下一步】按钮，如图 11-25 所示。

图 11-25　选择委派任务

(6)　查看汇总信息，单击【完成】按钮，如图 11-26 所示。

图 11-26 完成委派

11.4 在域中实现 AGDLP

AGDLP 法则是域环境下的一种管理思想，其中：

- A 代表 User Accounts(用户账号)；
- G 代表 Global Group(全局组)；
- DL 代表 Domain Local(域本地组)；
- P 代表 Permissions(权限)。

简单地说，AGDLP 的思想就是把用户账号加入到全局组中，然后把全局组加入到要访问的另一个域的域本地组，最后对域本地组赋予权限。

为什么要这样进行管理呢？

虽然通过域间信任可以访问另一个域，但是跨域访问的直接问题是访问者的账号和被访问的资源不在同一个域内，所以无法进行合理地授权。要进行合理的授权，就要借助全局组。全局组在多个域同时存在，所以可以通过全局组作为桥梁，传递访问授权。在访问者所在的域中，把访问者账号加入全局组；在被访问的资源域，把授权授予本地域组，当把全局组加入此本地域组时，全局组就得到了授权，此时，访问者作为此全局组成员就也获得了授权。

下面是一个用 AGDLP 实现多域间资源共享的实例。

如图 11-27 所示，biem2.edu.cn 需要访问 biem.edu.cn 域的资源。访问资源需要账户身份验证，而一个域的 DC 只能够验证本域的账户身份，不能验证其他域的账户。这就需要在域之间建立信任关系，使资源所在的域(简称资源域，也叫信任域)信任账户所在的域(简称账户域，也叫被信任域)。

图 11-27　域 biem 信任域 biem2

　　biem2 域的客户机 Xinxin2 要访问 biem 域上的资源服务器上的资源，如果在资源服务器上拥有一个本地账号，就可以通过资源服务器的认证，访问到资源，这就是我们熟悉的工作组模式。要确认的一点是，在域模式下，这种访问方式还是有效的。当然我们不推荐在域模式下使用这种工作模式，因为它完全背离了域模式进行统一管理的优势。

　　要想实现在 biem2 域上访问 biem 域的资源可以按如下步骤操作。

　　第一步，我们要创建域 biem 对域 biem2 的信任，这样被信任的 biem2 域的账户就可以访问 biem 域了。

　　第二步，使用 AGDLP 法则规划访问权限。

　　(1)　首先在各自的域中建立组和用户。

　　①　打开【Active Directory 用户和计算机】窗口，在 biem.edu.cn 建立一个本地域组(DL)。

　　②　在 biem2.edu.cn 建立一个全局组(G)。

　　③　在 biem2.edu.cn 建立一个用户(A)。

　　(2)　按照 A->G->DL->P 的顺序，Biem2.edu.cn 域的管理员把用户加入全局组；Biem.edu.cn 域的管理员把全局组加入本地域组，并在文件夹属性设置中，为此本地域组分配访问权限。

　　(3)　测试配置结果。

　　在 biem2.edu.cn 域客户计算机中选择【开始】|【运行】命令，打开【运行】对话框并输入资源的 UNC 路径。格式是 "\\资源服务器的主机名\共享文件夹的名字"。

11.5　实　践　训　练

11.5.1　任务 1：创建和管理域用户账户和组账户

　　任务目标：安装域、子域、林中新树根域和新林中根域。

　　包含知识：本章相关知识点。

　　实施过程：

　　(1)　安装域控制器，域名称为 root.com。

(2) 安装子域控制器，域名称为 a.root.com。

(3) 安装同林中新树的域控制器，域名称为 newtree.com。

(4) 安装新林中的域控制器，域名称为 newforest.com。

常见问题解析：略。

11.5.2 任务2：规划组织单位

任务目标： 创建组织单位，把计算机和用户加入组织单位，为组织单位委派管理者。

包含知识： 本章相关知识点。

实施过程：

(1) 创建组织单位 class1。

(2) 在 class1 下创建两个组织单位：group1、group2。

(3) 向两个组加入计算机和用户。

(4) 为两个组委派管理者。

常见问题解析：略。

11.5.3 任务3：在活动目录中发布资源

任务目标： 在活动目录中实现打印机共享和文件夹共享。

包含知识： 见本章节内容。

实施过程：

(1) 在成员服务器上安装打印机并且共享打印机。

(2) 在活动目录中为发布的打印机填写搜索信息，并使用搜索工具进行搜索。

(3) 在成员服务器上创建共享文件夹，并在活动目录中发布。

(4) 在活动目录中填写共享文件夹信息并使用搜索工具进行搜索。

常见问题解析：略。

11.6 习　　题

1. 选择题

(1) (　　)是 Active Directory 的基本管理单位，是 Active Directory 的核心单元。

    A. 组织　　　　　　B. 域　　　　　　　C. 域树　　　　　　D. 域林

(2) 某公司解雇了两名职员，同时又新招了两名职员，新职员承担被解雇职员的工作。下面哪种方法可以以最快的速度为新职员创建账户而不增加过多的管理负担？(　　)

    A. 删除被解雇职员的账户，并新建两个新职员的账户

    B. 禁止被解雇职员的账户，并新建两个新职员的账户

    C. 更名被解雇职员的账户为新职员的账户

　　　　D. 把被解雇职员的账户分配给新职员

(3)　下列各项中(　　　)不属于组作用域。

　　　A. 本地域　　　　　B. 全局　　　　　　C. 通用　　　　　　D. 私有

2. 简答题

(1)　域控制器和普通服务器有何区别？

(2)　如何理解域树和域林？

(3)　安装 Active Directory 前必须对其结构进行哪些规划？

(4)　何时需要创建用户账户或计算机账户？两台计算机能否使用相同的账户名？

(5)　如果误删了一个账户，能否通过新建一个与被删除的账户同名的账户来恢复？

(6)　组和组织单位有何区别？

第 12 章　组策略与组策略管理

学习提示

组策略是 Windows Server 2012 系统中功能最为强大的基础技术，也是在实际中应用最广泛的技术；网络管理人员最得力的助手。通过组策略可以很方便地对系统进行管理，尤其是在域模式下组策略的功能更加如虎添翼。

学习目标

学习组策略的基本操作；熟练运用组策略实现域模式下多计算机软件分发任务；熟练使用组策略对系统进行安全加固。

12.1　组策略概述

12.1.1　什么是组策略

所谓策略(Policy)，是 Windows 中的一种自动配置桌面设置的机制。而组策略(Group Policy)，顾名思义，就是基于组的策略。它以 Windows 中的一个 MMC 管理单元的形式存在，可以帮助系统管理员针对整个计算机或特定用户来设置多种配置，包括桌面配置和安全配置。譬如，可以为特定用户或用户组定制可用的程序、桌面上的内容，以及【开始】菜单选项等，也可以在整个计算机范围内创建特殊的桌面配置。简而言之，组策略是 Windows 中的一套系统更改和配置管理工具的集合；就是修改注册表中的配置。当然，组策略使用自己更完善的管理组织方法，可以对各种对象中的设置进行管理和配置，远比手工修改注册表方便、灵活，功能也更加强大。

12.1.2　组策略编辑器及组策略基本功能

(1) 选择【开始】，然后右击【运行】命令，在【运行】对话框的【打开】文本框中输入 gpedit.msc(注：这个组策略程序位于"C:\WINNT\SYSTEM32"中，文件名为 gpedit.msc)，然后单击【确定】按钮，即可启动 Windows Server 2012 组策略编辑器。

(2) 在打开的组策略窗口中，如图 12-1 所示，可以发现左侧窗格中是以树状结构给出的控制对象，右侧窗格中则是针对左边某一配置可以设置的具体策略。

(3) 左侧窗格中的【本地计算机策略】是由【计算机配置】和【用户配置】两大子键构成，并且这两者中的部分项目是重复的，如两者下面都含有【软件设置】、【Windows 设置】等。那么在不同子键下进行相同项目的设置有何区别呢？这里的【计算机配置】是对整个计算机中的系统配置进行设置的，它对当前计算机中所有用户的运行环境都起作用；

而【用户配置】则是对当前用户的系统配置进行设置的，它仅对当前用户起作用。例如，二者都提供了【停用自动播放】功能的设置，如果是在【计算机配置】中选择了该功能，那么所有用户的光盘自动运行功能都会失效；如果是在【用户配置】中选择了此项功能，那么仅仅是该用户的光盘自动运行功能失效，其他用户则不受影响。设置时须注意这一点。

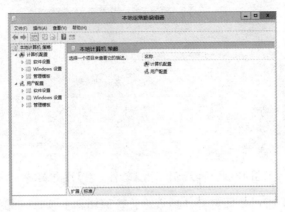

图 12-1　组策略编辑器窗口

组策略具有强大的功能，一般常用组策略来实现软件分发、IE 维护、软件限制、脱机文件、安全设置、漫游配置文件、文件夹重定向、基于注册表的设置、计算机和用户脚本等。接下来重点以组策略实现软件分发和组策略实现软件限制以保证服务安全为例讲述组策略的具体应用。

12.2　用组策略实现软件分发

(1)　在域模式下，通过组策略来实现软件分发非常方便快捷，在【服务器管理器】界面中选择【工具】|【组策略管理】命令，打开【组策略管理】窗口，如图 12-2 所示。

图 12-2　【组策略管理】窗口

(2)　选择域下的 doitok.com，右击，在弹出的快捷菜单中选择【在这个域中创建 GPO 并在此处链接…】命令，在弹出的对话框中新建一个组策略，命名为【软件分发】，如

图 12-3 所示。

图 12-3　为域新建名为【软件分发】的组策略

（3）单击【编辑】按钮，即打开【组策略管理编辑器】窗口，如图 12-4 所示。

（4）在【组策略管理编辑器】窗口的【计算机配置】里，单击【软件设置】前 "+" 号展开，选择【软件安装】后在右边空白处右击，如图 12-5 所示，在弹出的快捷菜单中选择【新建】|【数据包】命令。

图 12-4　【组策略管理编辑器】窗口

图 12-5　新建软件安装程序包

（5）选择【数据包】命令会弹出选择程序包位置的【打开】对话框，如图 12-6 所示。程序包文件是 MSI 后缀的文件。MSI 文件是 Windows Installer 的数据包，实际上是一个数据库，包含安装一种产品所需要的信息和在很多安装情形下安装或卸载程序所需的指令和数据。用户可以应用工具创建自己的 MSI 程序包，而创建 MSI 程序包的工具一般在系统安装盘中。

假如要安装 Windows Server 2012 自带的支持工具包文件，这个安装包文件必须事先放在服务器的某个目录下并共享，且其他机器有相应的权限(要是其他可执行文件须先做成 MSI 格式的安装包才可以分发)。

（6）在【打开】对话框中指定打开文件，单击【打开】按钮弹出【部署软件】对话框，如图 12-7 所示。选中【已分配】单选按钮。若选中【高级】单选按钮即打开一个新的属性页，可进行其他高级选项设置，如图 12-8 所示。依提示设置完即可。

图 12-6　选择要安装的软件包

图 12-7　选择部署方法

（7）　部署软件结束后，即可看到其状态，如图 12-9 所示。

图 12-8　部署方法【高级】界面

图 12-9　软件部署后的界面

　　这里【分配】为强制安装，如果希望用户决定是否安装应用程序，则可以利用发布的方式，在【用户配置】里设置，操作步骤同上，只是在选择部署类型的时候选中【已发布】单选按钮。还可以在完成后单击鼠标右键，在弹出的快捷菜单中选择【分配】或【发布】命令来进行切换，如图 12-10 所示。

　　修改组策略对象后，如果是在【计算机配置】里【分配】给计算机，客户机执行策略刷新命令 gpupdate 后重启时安装，所有用户在客户机上都可使用该软件；如果是在【用户配置】里【分配】或者【发布】给用户，用户在客户机执行策略刷新命令 gpupdate 后生效。【发布】的软件可以在【控制面板】|【添加/删除程序】中选择安装；【分配】的软件则注销或重启后重新登录，程序在【开始】菜单中，用户第一次使用该软件时安装。

图 12-10　选择【分配】或【发布】命令

注意：组策略实验过程中，利用组策略来配置客户端，需要设置好 DNS 服务，否则因为 DNS 问题可能导致客户端组策略不能生效！

12.3　利用组策略实现软件限制

12.3.1　软件限制策略的一般操作

利用组策略可以通过软件限制，来实现对不明程序和恶意软件的限制以起到安全保护作用。基本配置方法如下。

首先，针对全域或者某组织单位，建立一个软件限制安全组策略方法和前面软件分发策略一样。在组策略编辑器里选中【软件限制策略】里的【其他规则】。在右边空白处可以单击鼠标右键，可以创建新的规则，如图 12-11 所示。

图 12-11　软件限制策略

要创建规则首先需要学会系统通配符、环境变量的含义，以及软件限制策略规则的优先级。例如：

"?" 表示任意单个字符；"*" 表示任意多个字符；"**" 或 "*?" 表示零个或多个含有反斜杠的字符，即包含子文件夹。

常见的环境变量：环境变量用两个 "%" 做标记。假设系统安装在 C:\Windows 目录下，其环境变量参数含义如下。

%USERPROFILE%表示 C:\Documents and Settings\当前用户名。

%ALLUSERSPROFILE%表示 C:\Documents and Settings\All Users。

%APPDATA%表示 C:\Documents and Settings\当前用户名\Application Data。

%ALLAPPDATA%表示 C:\Documents and Settings\All Users\Application Data。

%SYSTEMDRIVE%表示 C:。

%HOMEDRIVE%表示 "C:\"。

%SYSTEMROOT%表示 C:\WINDOWS。

%WINDIR%表示 "C:\WINDOWS"。

%TEMP%和%TMP%表示"C:\Documents and Settings\当前用户名\Local Settings\Temp"。

%ProgramFiles%表示 C:\Program Files。

%CommonProgramFiles%表示 C:\Program Files\Common Files。

12.3.2　用组策略阻止恶意程序运行

要阻止恶意程序运行，首先要知道恶意程序一般会藏身在什么地方，恶意程序一般存在下列位置。

? :\(?表示分区名，即分区根目录)。

C:\WINDOWS(一般系统安装在 C 盘情况比较常见)。

C:\WINDOWS\system32。

C:\Documents and Settings\Administrator。

C:\Documents and Settings\Administrator\Application Data。

C:\Documents and Settings\All Users。

C:\Documents and Settings\All Users\Application Data。

C:\Documents and Settings\Administrator\「开始」菜单\程序\启动。

C:\Documents and Settings\All Users\「开始」菜单\程序\启动。

C:\Program Files。

C:\Program Files\Common Files。

应特别注意的是：

C:\Documents and Settings\Administrator；

C:\Documents and Settings\Administrator\Application Data；

C:\Documents and Settings\All Users；

C:\Documents and Settings\All Users\Application Data；

C:\Documents and Settings\Administrator\「开始」菜单\程序\启动；

C:\Documents and Settings\All Users\「开始」菜单\程序\启动；

C:\Program Files；

C:\Program Files\Common Files。

这 8 个路径下是没有可执行文件的，只有在它们的子目录下才有可能存在可执行文件，知道这一点，组策略的规则就可以这么写：

%ALLAPPDATA%*.*为不允许的；

%ALLUSERSPROFILE%*.*为不允许的；

%ALLUSERPROFILE%\「开始」菜单\程序\启动*.*为不允许的；

%APPDATA%*.*为不允许的；

%USERSPROFILE%*.*为不允许的；

%USERPROFILE%\「开始」菜单\程序\启动*.*为不允许的；

%ProgramFiles%*.* 为不允许的；

%CommonProgramFiles%*.*为不允许的。

另外，对于"C:\Windows"和"C:\Windows\system32"这两个路径的策略规则怎么写呢？"C:\Windows"下只有"explorer.exe"、"notepad.exe"、摄像头程序、声卡管理程序是需要运行的，而其他都不需要运行，那么其规则可以这样写：

%SYSTEMROOT%*.*为不允许的，表示禁止 C:\Windows 下运行可执行文件；

C:\WINDOWS\explorer.exe 为不受限的；

C:\WINDOWS\notepad.exe 为不受限的；

C:\WINDOWS\amcap.exe 为不受限的；

C:\WINDOWS\RTHDCPL.EXE 为不受限的。

这是因为绝对路径优先级要大于通配符路径的原则，先设置目录下所有可执行文件不允许，然后设置上述几个排除规则，这样在 C:\Windows 下，除了 explorer.exe、notepad.exe、摄像头程序、声卡管理程序可以运行外，其他所有的可执行文件均不可运行。

对于 C:\Windows\system32 就不能像上面那样写规则了，在 system32 下面很多系统必需的可执行文件，如果一个一个排除，那太麻烦了。所以，对 system32，我们只要对它的子文件做一些限制，并对系统关键进程进行保护子文件夹的限制，策略规则如下：

%SYSTEMROOT%\system32\config***.*为不允许的；

%SYSTEMROOT%\system32\drivers***.*为不允许的；

%SYSTEMROOT%\system32\spool***.*为不允许的。

当然我们还可以照此方法限制更多的子文件夹。

另外，通过软件限制策略对 system32 的系统关键进程进行保护，system32 下的有些进程是系统启动时必须加载的，不能阻止它的运行，但又常常被恶意软件仿冒。为了解决这个问题，可以考虑到这些仿冒的进程，其路径不可能出现在 system32 下，因为它们不可能替换这些核心文件，它们往往出现在其他的路径中。那么可以用如下规则应对：

C:\WINDOWS\system32\csrss.exe 为不受限的；

C:\WINDOWS\system32\ctfmon.exe 为不受限的；

C:\WINDOWS\system32\lsass.exe 为不受限的；

C:\WINDOWS\system32\rundll32.exe 为不受限的；

C:\WINDOWS\system32\services.exe 为不受限的；

C:\WINDOWS\system32\smss.exe 为不受限的；

C:\WINDOWS\system32\spoolsv.exe 为不受限的；

C:\WINDOWS\system32\svchost.exe 为不受限的；

C:\WINDOWS\system32\winlogon.exe 为不受限的。

先完全允许正常路径下这些进程运行，再屏蔽掉其他路径下的仿冒进程。例如：

csrss.*为允许的”；("\.*"表示任意后缀名，这样就涵盖了 bat, com 等可执行的后缀。)

ctfm?n.*为不允许的；

lass.*为不允许的；

lssas.*为不允许的；

rund*.*为不允许的；

services.*为不允许的；

smss.*为不允许的；

sp???sv.*为不允许的；

s??h?st.*为不允许的；

s?vch?st.*为不允许的；

win??g?n.*为不允许的。

如何保护上网的安全，在浏览不安全的网页时，病毒会首先下载到 IE 缓存以及系统临时文件夹中，并自动运行，造成系统染毒。了解了这个感染途径之后，我们可以利用软件限制策略进行封堵：

%SYSTEMROOT%\tasks***.*为不允许的；这个是计划任务，病毒藏身地之一；

%SYSTEMROOT%\Temp***.*为不允许的；

%USERPROFILE%\Cookies*.*为不允许的；

%USERPROFILE%\LocalSettings***.*为不允许的(这个是 IE 缓存、历史记录、临时文件所在位置)。

另外，我们还可以免疫一些不希望出现的软件，例如：

3721.*为不允许的；

CNNIC.*为不允许的；

*Bar.*为不允许的。

由于篇幅所限，不一一陈述，大家可以照此方法自己添加。

注意： "*.*" 这个格式只会阻止可执行文件，而不会阻止.txt、.jpg 等文件。另外回收站和备份文件夹里的文件也可能不安全，两条禁止从回收站和备份文件夹执行文件的规则：

?:\Recycler***.*为不允许的；

?:\System Volume Information***.*为不允许的。

预防双后缀名的典型恶意软件：许多恶意软件，它有双后缀，比如 mm.jpg.exe，由于很多人默认不显示文件后缀名，所以当看到的文件名是 mm.jpg，误以为是 jpg 图像文件。对于这类恶意文件，不能用 "*.*.*不允许的" 这一条规则想当然地彻底免疫，因为这样做，会发现类似 acrobat read 7.5.1 这种样式的文件无法运行了。所以应该将规则改为：

*.???.bat 为不允许的；

*.???.cmd 为不允许的;

*.???.com 为不允许的;

*.???.exe 为不允许的;

*.???.pif 为不允许的。

诸如此类,读者可以按上述方法,自己根据实际情况设计更多的策略来分别限制具体的恶意文件的执行。

12.4　利用 GPMC 工具实现组策略管理

GPMC 即组策略管理控制台(Group Policy Management Console),与 Windows 2000 Server/Server 2012 上传统的组策略编辑器截然不同,由一个全新的 MMC 管理单元及一整套脚本化的接口组成,提供了集中的组策略管理方案。可以大大减少不正确的组策略可能导致的网络问题并简化组策略相关的安全问题,解决组策略部署中的难点,减轻系统管理员在实施组策略时所承担的沉重包袱。

GPMC 工具在微软网站上可免费下载。下载后安装方法和其他软件基本类似,就不再赘述。Server 2012 版本中已经集成了该工具,只需要在【添加角色和功能向导】中添加即可。但需要注意的是,GPMC 工具安装前需要先安装 Microsoft. NET Framework 环境。安装完后在管理工具里可以看到,如图 12-12 所示。

高职高专计算机实用规划教材——案例驱动与项目实践

图 12-12　GPMC 安装后的打开位置

选择图 12-12 中的 Group Policy Management 命令即可打开 GPMC 窗口,也可以在【运行】里输入 gpmc.msc 打开该窗口。选中域或者某组织单位,单击鼠标右键后如图 12-13 所示。

图 12-13　在 GPMC 中创建新的组策略对象

在弹出的快捷菜单中选择"在这个域中创建 GPO 并在此处链接"命令，打开【新建 GPO】对话框即可在此创建并连接一个新的组策略对象，如图 12-14 所示。

图 12-14　输入新的组策略名

可以选择对整个域或者某个组织单位创建新的组策略。对新的组策略，选中后单击鼠标右键，在弹出的快捷菜单中可以选择【编辑】命令，如图 12-15 所示。即可以打开传统的组策略编辑器，如图 12-16 所示。在这里可以进行各种组策略的设置。

图 12-15　编辑新的组策略

图 12-16　编辑组策略

12.5 实 践 训 练

任务: 创建与设置组策略

任务目标:

(1) 了解组策略的含义;掌握组策略的创建、删除方法。

(2) 掌握组策略的组成部分及各部分的作用。

(3) 掌握如何设置组策略。

(4) 理解组策略的替代、继承、不继承、禁止替代等。

(5) 了解组策略的实现。

包含知识:

组策略一般应在活动目录搭建好了后才能较好地发挥作用。组策略几乎无所不能。组策略可以集中化管理、管理用户环境、降低管理用户的开销、强制执行企业策略。组策略的几大功能包括软件分发、软件限制、安全设置、基于注册表的设置、IE 维护、脱机文件、漫游配置文件和文件夹重定向、计算机和用户脚本。

域中的三个容器: 站点 site,域 domain,组织单位(OU),规模依次递减,组策略只可以在 3 种容器中应用,不能应用到单独的一个人(账号),每个 GPO 由两部分组成: GPC 容器存储在活动目录中保存版本信息 GPT 模板;存储在 sysvol 文件夹中,保存组策略模板。

组策略常用工具和命令: gpmc 工具集、support tools 工具集(adsi edit 工具,在 mmc 中添加);命令 gpupdate /force 用于客户端强制刷新组策略,命令 gpresult /scope user /v 显示组策略应用情况;命令 dcgpofix 用于默认组策略删除后的修复。

组策略的覆盖优先级由低到高为: 本地策略、站点策略、域策略、父 OU 策略、子 OU 策略。当组策略对象产生冲突时,计算机策略覆盖用户策略、不同层次的组策略产生冲突时,子 OU 覆盖父 OU 策略、同一容器上多个组策略冲突时,处于 GPO 列表最高位的 GPO 优先级最高。总体原则: 后执行的优先级高!

要变更组策略应用顺序: 阻止继承、强制(禁止替代)、避免变更应用顺序。阻止继承的意思是,默认情况下应用到父 OU 的组策略会继承到子 OU 上面,但如果子 OU 不想继承的话,可以配置成"阻止继承",这样所有的应用到父 OU 的组策略就都不会影响到子 OU 了。但是如果应用到父 OU 的组策略是"强制"的话,子 OU 就必须继承父 OU 的组策略了,即使子 OU 设置了"阻止继承"也不行。如果子 OU 的组策略中有与带有"强制"属性的父 OU 的组策略相冲突的设置,则带有"强制"属性的父 OU 的组策略会覆盖掉子 OU 的组策略中与其相冲突的设置。

实验设备:

PC 及 Windows Server 2012 系统及带活动目录的 Windows Server 2012 系统(文件系统要求为 NTFS 格式)。

实施过程:

我们先通过本地组策略来熟悉一下组策略的作用,开机进入非活动目录的 Windows Server 2012 系统。

Windows Server 2012 系统,系统默认已经安装了组策略程序,选择【开始】|【运行】

高职高专计算机实用规划教材——案例驱动与项目实践

命令，在【运行】对话框中输入 gpedit.msc 并确定，打开当前的计算机的组策略对象，观察本地组策略的组成和设置。

在组策略编辑器中做以下实训内容。

注意：做以下实训时必须用 administrator 账户登录。

(1) 设置本地磁盘配额。

① 打开本地磁盘属性，选择【配额】|【不启用磁盘配额】。

② 打开本地计算机策略，展开【计算机配置】|【管理模板】|【系统】|【磁盘配额】，在右边的窗口中选择【启用磁盘配额】并双击，在【启用磁盘配额】对话框中选中【已启用】单选按钮，如图 12-17 所示，确定退出。观察本地磁盘属性中磁盘配额的变化。

图 12-17　组策略实现启用磁盘配额

(2) 双击【交互式登录：不显示最后的用户名】，在打开的对话框中可以看到启用了"不显示最后用户名"。

① 在【组策略】窗口中按【计算机配置】|【安全设置】|【本地策略】|【安全选项】的顺序查找，双击该右侧窗口中的【交互式登录：不显示最后的用户名】选项，在弹出的属性对话框中的【本地安全设置】选项卡中选中【已启用】单选按钮，如图 12-18 所示。

图 12-18　组策略实现不显示最后登录用户名

② 注销当前用户名，运行登录窗口，看有何变化。

(3) 设置账户锁定。

① 建立标准本地用户，用户名：std，密码：std168@biem.cn；密码永久有效。

② 展开【计算机配置】|【安全设置】|【账户策略】|【账户锁定策略】选项，双击右侧【策略】列表框中的【账户锁定阈值】，弹出如图 12-19 所示的【账户锁定阈值 属性】对话框，将数值设置为 3，然后单击【确定】按钮。

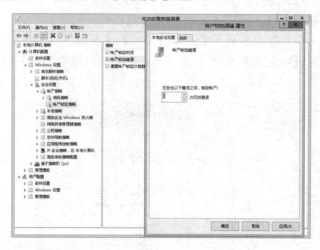

图 12-19　组策略实现账户锁定

③ 设置【账户锁定时间】为 5 分钟。

④ 设置【复位账户锁定计数器】为 5 分钟之后。

⑤ 退出设置，注销 administrator。以 std 用户登录。在登录时故意输入 3 次错误密码，再试图用正确的密码登录，观察有何效果。

⑥ 如用户被锁定观察 5 分钟后是否能够继续登录。

注销当前用户，以 administrator 登录，打开本地策略。

(4) 【桌面】设置。

打开位置：【组策略】窗口中的【用户配置】|【管理模板】|【桌面】选项。

① 隐藏桌面上的【网络位置】图标，只要在右侧窗格中将【隐藏桌面上"网络位置"图标】这个策略选项启用即可，如图 12-20 所示。

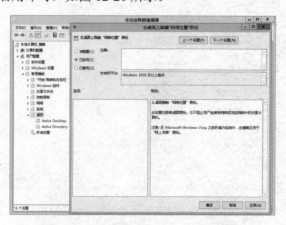

图 12-20　组策略实现隐藏【网络位置】

② 启用删除桌面上的【我的文档】图标和删除桌面上的【我的电脑】图标两个选项。

③ 观察桌面变化，注销 administrator，以 std 登录，观察桌面。

注销当前用户，以 administrator 登录，打开本地策略。

(5) 禁止【注销】和【关机】。

当计算机启动以后，如果我们不希望这个用户再进行"关机"和"注销"操作，那么可进入【组策略】窗口的【用户配置】|【管理模板】|【"开始"菜单和任务栏】将右侧窗格中的【删除开始菜单上的"注销"】和【删除并阻止访问"关机"、"重新启动"、"睡眠"和"休眠"命令】两个策略启用，如图 12-21 所示。

图 12-21　组策略实现删除【关机】项

另外需要注意的是，此设置虽然可防止用户用 Windows 界面来关机，但无法防止用户用其他第三方工具程序将 Windows 关闭。

提示：如果启用了【删除开始菜单上的"注销"】，则会从【开始菜单选项】删除"显示注销"项目。用户无法将"注销<用户名>"项目还原到开始菜单(只能通过手工修改注册表的方法)。这个设置只影响开始菜单，它不影响【Windows 任务管理器】对话框上的"注销"项目(因此需要同时启用【删除和阻止访问"关机"命令】)，而且不妨碍用户用其他方法注销。

(6) 还原桌面上的【网上邻居】和【开始】菜单中的【关机】选项。

(7) 尝试更改其他策略设置(3～5 种)，观察有什么影响。

以上是关于本地计算机组策略的配置。可以应用于 Windows Server 2012、Windows 7、Windows 2003 操作系统。我们通过上述实训对组策略的组成和设置有了一个初步认识。

12.6　习　　题

根据教材内容及查询的相关资料，运用组策略实现限制恶意软件的执行。运用组策略实现禁用任务管理器、禁用注册表编辑器等功能。

第 13 章　数据备份与还原

学习提示

在信息社会中数据的重要性不言而喻。因此，对于计算机网络和计算机系统的数据的可靠性与安全性要求非常之高。数据备份和还原就是提高数据安全可靠性的重要保障和措施之一。利用 Windows Server 2012 自带的备份工具，以手工的方式或自动的方式实现对指定的数据进行备份和还原；当服务器系统发生突然故障而不能启动时，采用服务器故障恢复方法启动系统和恢复丢失的数据。

学习目标

本章主要介绍：数据备份与恢复的基本概念；文档属性与文件备份的关系；区分不同备份类型的适用场合；Windows Server 2012 备份数据与恢复数据的方法与过程。通过学习，读者应该掌握备份与灾后恢复方式，以及备份、恢复策略、服务器故障恢复。

数据备份、恢复是一位合格的网络管理员保护自己的网络数据资源、降低损失的最有力的武器。从表面上看，数据备份工作是重复性劳动，没有什么高深的技术可言，但是数据备份工作是一切其他管理工作所无法比拟的，它在一定程度上决定着企业的生存与发展。数据备份作为存储领域的一个重要组成部分，其在存储系统中的地位和作用都是不容忽视的。对一个完整的企业 IT 系统而言，数据备份工作是其中必不可少的组成部分。企业保存在服务器上的数据可能因为天灾、人祸的因素造成数据损毁，如台风、火灾、地震、文件的误操作、文件被恶意删除、病毒感染、硬盘故障等，都会造成非常严重的损失。这就需要平时定期将硬盘的数据备份起来，存放在安全的地方，当发生意外时，能够利用这些备份数据将服务器的数据恢复，使公司的业务仍能正常运转。数据备份的根本目的是重新利用，就是说，备份工作的核心是恢复。

数据备份，顾名思义就是将数据以某种方式加以保留，以便在系统遭受破坏或其他特定的情况下，重新加以利用的一个过程。它是每个网络管理员必须而且是经常要做的工作。一个网络管理员的数据备份工作是否细致得当，也可以从侧面反映他的工作责任心和工作能力的强弱。

13.1　数　据　备　份

13.1.1　数据备份工具

数据备份工具很多，典型的第三方备份软件有：Veritas Backup Exec、CA BAB、Legato NetWorker、HP OpenView Data Protector 和 IBM Tivoli Storage Manager 等。本章要介绍的是 Windows 服务器系统自带的备份工具。因为它本身的功能已足够强大，而且随着系统的购买一次性投资，无须另外花更多的钱来购买专门的第三方备份软件。因此，对于中小企业来说，采用 Windows 服务器系统自带的备份工具是最佳的选择。

另外，Ghost 备份工具也是不错的选择，但是它备份的对象必须是整个分区的文件，不能自己选择其中的一部分文件进行备份。相反，Windows 服务器系统自带的备份工具可以任意选择我们需要备份的文件或文件夹。因此，Ghost 备份工具与 Windows 服务器系统自带的备份工具相比缺乏灵活性。

Windows 服务器系统自带的备份工具与手动备份操作相比，具有这几个优点：可以做计划任务；同时支持图形界面和命令行界面。

13.1.2　数据备份的范围和目标地址

数据的备份范围包括：用户的一般资料、系统状态数据、Active Directory 资料以及网络服务中的共享文件夹资料。

备份的目的地址可以是硬盘、可移动硬盘和可录制光盘、磁带、网络中某个共享文件夹等。

对企业来说，可以根据数据的重要性和资金投入的多少，采取强弱程度不同的备份策略。备份的目的地址不同则反映备份策略的强弱，即容灾的程度是不同的。

13.1.3　数据备份操作者的权限要求

(1)　本地机：Administrators 组、Backup Operators 组和 Server Operators 组的成员。

(2)　域控制器：Administrators 组、Backup Operators 组的成员可以备份本地、域中或者具有双向信任关系的域中所有计算机上的任何文件和文件夹。

13.1.4　数据备份的类型和备份特点

1. 数据备份的类型

数据备份的类型分为：完全备份(又称正常备份)、复制备份(又称副本备份)、增量备份、差异备份、每日备份 5 种。从 Windows Server 2008 开始不再支持副本备份、每日备份和差异备份。

2. 文件的"存档"属性

Windows Server 2012 操作系统对每一个文件或文件夹设置了存档属性。存档属性是与备份功能密切相关的重要属性。任何一个新建的文件或文件夹，它的存档属性自动被设置为选中状态☑。用鼠标左键选中一个新建文件或文件夹，右击该对象，在弹出的快捷菜单中选择【属性】命令，打开如图 13-1 所示的【data 属性】对话框。单击【高级】按钮，打开如图 13-2 所示的【高级属性】对话框，当文件或文件夹备份后，"存档"属性被取消选中状态。

注意：若文件在备份后又做了修改，则存档属性又被设置　，即认为该文件没有备份过。

图 13-1　【data 属性】对话框

图 13-2　【高级属性】对话框

3. 不同类型备份的特点

1) 完全备份

完全备份也称正常备份,它是复制所有选定的文件,并将每个文件标记为已备份(即清除文件的存档属性)。完全备份对某一个时间点上的所有数据或应用进行的一个完全拷贝。它是最费时间的一种备份方法,但它却最快、最容易被还原。因为所有备份的文件都是最新、最完整的文件,所以基于完全备份在执行恢复时不必恢复不同日期的多个备份任务。一般系统在第一次创建备份时,通常执行完全备份。

2) 复制备份

复制备份也称副本备份,它是复制所有选中的文件,但不将这些文件标记为已备份(即不清除文件的存档属性),不影响其他备份操作。复制备份适合于临时需要进行备份数据的场合。

3) 增量备份

增量备份是只备份上一次完全备份或增量备份以后新创建或被修改过的文件,并将文件标记为已备份(即清除文件的存档属性)。

4) 差异备份

差异备份是复制自上次正常或增量备份以来所创建或修改过的文件,但不将这些文件标记为已备份(即不清除文件的存档属性),是否清除文档标记是增量备份与差异备份的不同之处。

5) 每日备份

每日备份是备份选中的文件或文件夹在当日内发生改变的部分。每日备份过程中,不将这些文件标记为已备份(即不清除文件的"存档"属性)。

13.1.5　安装数据备份工具

(1)　打开服务器管理器，选择【添加角色和功能】，单击【下一步】按钮。在打开的添加角色和功能向导中选择【基于角色或基于功能的安装】，单击【下一步】按钮，进入【服务器选择】界面。

(2)　选择【从服务器池中选择服务器】，如果有多台服务器，这里要选择一台服务器进行安装。跳过【服务器角色】界面，在【功能】界面，勾选 Windows Server Backup 复选框，如图 13-3 所示，单击【下一步】按钮，在【确认】界面中选择安装。

图 13-3　选择 Windows Server Backup 功能

13.1.6　利用备份向导工具进行数据一次备份

具体操作步骤如下。

(1)　在服务器管理器界面单击【工具】选项，在下拉菜单中选择 Windows Server Backup 命令，打开界面，如图 13-4 所示。右击【本地备份】，然后选择【一次性备份】命令。

图 13-4　Windows Server Backup 窗口

(2) 打开【一次性备份向导】对话框,在【备份选项】中选择【其他选项】,单击【下一步】按钮,进入如图 13-5 所示的界面。该界面有两个选项,介绍如下。

● 【整个服务器】:备份所有服务器数据、应用程序和系统状态。

● 【自定义】:选择自定义卷、文件备份。

(3) 选中【自定义】单选按钮,单击【下一步】按钮,进入如图 13-6 所示的界面。单击【添加项目】按钮,在打开的选择项对话框中单击要备份对象左面的复选框,使其选中打钩,如图 13-7 所示,并单击【确定】按钮返回图 13-6 所示的界面。如果需要备份硬盘内所有内容,备份之前需要预先分出一个分区用于存放备份镜像,镜像所在分区无法利用该镜像进行恢复。再单击【高级设置】按钮,在打开的【高级设置】对话框中单击【排除】选项卡添加欲排除项目,单击【VSS 设置】,选择卷影复制服务的备份类型,如图 13-8 所示,单击【确定】按钮,返回图 13-6 所示的界面并单击【下一步】按钮。

图 13-5　选择备份配置

图 13-6　选择要备份的项

注意:除了可以备份文件或文件夹外,还可以备份数据的系统状态,如图 13-8 所示。系统状态数据包括:活动目录、系统的启动文件、COM+的类注册表数据库、注册表和SYSVOL 文件夹。

图 13-7　选择备份项目

图 13-8　高级设置

（4）进入如图 13-9 所示的【指定目标类型】界面，选中【本地驱动器】或【远程共享文件夹】单选按钮为备份选择存储的类型，单击【下一步】按钮。

（5）进入如图 13-10 所示的【选择备份目标】界面，若备份与系统存在于同一硬盘则会弹出警告。单击【下一步】按钮。

图 13-9 指定目标类型　　　　　　　　图 13-10 选择备份目标

（6）进入如图 13-11 所示的【确认】界面确认备份内容，单击【备份】按钮，开始备份，备份完毕后单击【关闭】按钮，如图 13-12 所示。

13.1.7 设置备份计划任务

当备份任务非常频繁且有规律时，通常采用计划任务的备份方式，利用 Windows Server 2012 操作系统自带的备份工具，对指定的文件制订备份计划，系统按照该计划进行自动地备份操作。这样操作人员可以从烦琐的重复性劳动中解脱出来，提高备份工作的效率。

系统管理员在计划备份工作时，可以选择的备份计划的类型包括：一次性、每天、每周、每月、每年。此外要设置备份计划任务，必须拥有管理员或备份操作员的权限。

图 13-11 备份确认　　　　　　　　图 13-12 备份进度

具体操作步骤如下。

(1) 在服务器管理器界面中单击【工具】选项，在下拉菜单中选择 Windows Server Backup 命令，打开的界面如图 13-4 所示。右击【本地备份】并选择【备份计划】命令，打开【备份计划向导】对话框，如图 13-13 所示，单击【下一步】按钮。

(2) 按向导依次选定备份配置和备份项目，单击【下一步】按钮进入如图 13-14 所示的【指定备份时间】界面。该界面有两个选项：【每日一次】或【每日多次】，选择备份频率和备份时间，单击【下一步】按钮。

图 13-13　备份计划开始界面

图 13-14　指定备份时间

(3) 进入如图 13-15 所示的界面，该界面有备份到专用于备份的硬盘、备份到卷、备份到共享网络文件夹三个选项。

● 备份到专用于备份的硬盘：是最安全的存储备份方式，要确保磁盘已连接并处于联机状态。根据备份实践经验，使用支持 USB2.0 或 IEEE1394 的外挂硬盘，磁盘的大小应该至少是备份数据存储容量的 2.5 倍，此磁盘应该为空或包含不需要保留的数据，因为 Windows Server Backup 将对磁盘进行格式化。

● 备份到卷：无法将整个磁盘专用于备份时，选择此选项。但需要注意，使用此选项存储备份时，卷的性能可能降低 200%之多，因此不建议在同一个卷上存储其他服务器数据。

● 备份到共享网络文件夹：选择此项需要注意，由于在创建新备份时将覆盖以前的备份，因此一次只能有一个备份。

选择其一如【备份到卷】并单击【下一步】按钮，在【选择目标卷】对话框中单击添加选中一个或多个卷存储备份，单击【下一步】按钮进入如图 13-16 所示的界面，确认备份计划无误后单击【完成】按钮即可完成备份计划。

图 13-15　指定目标类型

图 13-16　确认备份计划

13.2　数　据　恢　复

13.2.1　数据恢复概述

在 Windows Server 2012 操作系统中不仅提供了数据备份功能，还有对应的数据还原功能。在管理员使用备份工具创建了数据副本之后，当遭遇到病毒侵袭，或者由于误操作以及硬件故障等意外导致数据摧毁时，就可通过备份工具中的还原功能轻松地恢复被破坏或丢失的数据。

系统管理员可以还原的数据包括：文件和文件夹、系统状态数据。

1. 恢复文件和文件夹

系统管理员可以使用"备份"工具来备份和还原 FAT16、FAT32 或 NTFS 卷上的数据。但是，如果已经从 NTFS 卷备份了数据，则建议将数据还原到相同版本的 NTFS 卷，以避免丢失数据和一些文件、文件夹的特征属性，包括文件权限、文件夹权限、加密文件系统(EFS)设置和磁盘配额信息等。这是由于某些文件系统可能不支持其他文件系统的所有功能。

2. 恢复系统状态数据

在恢复系统状态数据时，系统状态数据的当前版本被恢复的系统状态数据版本所替换。并且，管理员不能选择恢复系统状态数据的位置，而是由当前系统根目录的位置决定恢复的系统状态数据的位置。

13.2.2　恢复数据

具体操作步骤如下。

（1）在服务器管理器界面中单击【工具】选项，在下拉菜单中选择 Windows Server Backup 命令，打开的界面如图 13-4 所示。选择【本地备份】|【恢复】命令，打开【恢复向导】对话框，如图 13-17 所示，选择欲恢复备份的存储位置，单击【下一步】按钮，进入如图 13-18 所示的界面。选择备份日期后单击【下一步】按钮。

图 13-17　恢复向导

图 13-18　选择备份日期

（2）进入如图 13-19 所示的界面，该界面有文件和文件夹、Hyper-V、卷、应用程序和系统状态 5 个选项。选择恢复类型后单击【下一步】按钮。

（3）进入如图 13-20 所示的界面，该界面有原始位置和备用位置 2 个选项，选择恢复位置后单击【下一步】按钮，在打开的【确认】界面中单击【恢复】按钮开始恢复数据。

图 13-19　选择恢复类型

图 13-20　选择恢复位置

13.3　服务器故障恢复

所谓服务器故障，是指导致服务器无法启动或正常运行的任何事件，而服务器故障恢复就是在故障发生后恢复服务器，使用户能够登录并访问系统资源。当服务器发生故障时，系统管理员可执行裸机恢复。

13.3.1　安全模式

如果系统在安装了某个设备驱动程序或新的应用程序后，无法正常启动时，系统管理员通常会采用安全模式进行启动系统，这是因为安全模式能够使用最少的设备驱动程序来启动操作系统。当系统启动出现问题时，用户可以在安全模式下登录系统，然后卸载有问题的驱动程序或应用程序即可。

安全模式的启动选项包括：安全模式、带网络连接的安全模式、带命令提示符的安全模式。这 3 种启动方式都会创建一个日志文件。

具体操作步骤如下。

(1) 启动计算机。

(2) 按 F12 键，进入如图 13-21 所示的界面，单击【查看高级修复选项】按钮，在如图 13-22 所示的界面中单击【疑难解答】。

图 13-21　未正确加载界面　　　　　　　　　　图 13-22　选择一个选项

(3) 进入如图 13-23 所示的界面，单击【启动设置】，在打开的界面中单击【重启】进入如图 13-24 所示的界面，选择启动系统的某种安全模式，按 Enter 键。

图 13-23　【高级选项】界面　　　　　　　　　图 13-24　高级启动选项

13.3.2　最后一次正确的配置

操作系统为计算机提供了两种配置：缺省配置和最后一次正确的配置。正常情况下，启动系统使用缺省配置启动计算机，当缺省配置不能正常启动时，系统会自动提示用户选择最后一次正确的配置来完成启动操作。

具体操作步骤如下。

(1) 启动计算机。

(2) 按 F12 键，进入图 13-21 所示的界面，单击【查看高级修复选项】，在如图 13-23 所示的界面中单击【疑难解答】。

(3) 进入如图 13-23 所示的界面，单击【启动设置】，在打开的界面中单击【重启】进入如图 13-25 所示的界面，选择【最近一次的正确配置(高级)】，按 Enter 键。

注意: 最后一次正确的配置并不能解决由驱动程序和文件损坏或丢失造成的服务器故障。

图 13-25　Windows Server 2012 安装界面

13.3.3　裸机恢复

当安全模式和其他启动选项都不能工作时，可以使用裸机恢复，完成故障修复任务。

具体操作步骤如下。

(1) 将 Windows Server 2012 安装光盘或系统启动盘插入计算机。

(2) 进入 Windows Server 2012 安装界面，输入语言及其他首选项后单击【下一步】按钮，进入如图 13-25 所示的界面，单击【修复计算机】，单击【下一步】按钮。在如图 13-26 所示的界面中单击【疑难解答】。

图 13-26　选择选项

(3) 进入如图 13-27 所示的界面中，单击【系统映像恢复】，按照系统提示，选择一管理员账户并输入管理员密码单击【继续】按钮。按照系统提示附加备份硬盘或插入备份 DVD 后单击【重试】按钮，如图 13-28 所示；也可单击【取消】按钮后选中【选择系统映像】，单击【下一步】按钮，选择用于还原计算机的系统镜像备份。系统映像可以直接选择最近一次备份，也可按需选择备份。按向导单击【下一步】按钮，直至单击【完成】按钮后开始恢复。

图 13-27　高级选项

图 13-28　选择系统镜像备份

注意：每当系统做出重大改动之后，都要进行系统数据备份。系统数据备份只能备份 Windows Server 2012 所在分区的数据，其他分区数据需要单独备份。

13.4　实践训练

13.4.1　任务 1：一次备份数据

任务目标：掌握一次备份原理及实施过程。

包含知识：用完全备份或增量备份对 D 盘中的某个文件夹进行一周的备份操作；文件

的存档属性与备份类型的关系。

实施过程:

(1) 一次备份数据,具体参看本章第一节内容。

(2) 假设数据遭到破坏,恢复该数据,具体参看本章第二节内容。

常见问题解析:通过本任务的操作练习,用户应当理解数据备份的本质依据是文件或文件夹的存档标记。当新建文件或文件夹时,系统自动设置上文档的存档标记。在第一次数据备份时,都采用完全备份。另外,特别要注意:从星期一到星期五备份操作时所使用的备份媒体文件名称一定是同一个。

13.4.2 任务2:备份和还原本地计算机上的系统状态数据

任务目标:掌握如何利用备份工具实现系统状态数据的备份和恢复。

包含知识:系统状态数据的备份和恢复的实施过程和其具有的特殊性。

实施过程:参看本章相关内容。

常见问题解析:系统状态数据在备份时不能选择,要么全部备份,即备份所有系统状态数据;要么所有的系统状态数据都不做备份。另外,系统状态数据在还原时不能选择还原的目标位置。

13.4.3 任务3:配置备份计划

任务目标:掌握如何配置一个计划作业。

包含知识:自动备份时间的设置,同时设置多项计划任务的过程。

实施过程:请利用备份工具中的"计划任务"功能,自己动手配置一个计划备份作业(执行时间是每天早上6点,共执行一周的时间)。参看本章第一节内容。

常见问题解析:对于规律性数据备份任务,可以使用数据备份工具的"计划作业"功能来实现。这样既方便又可靠。

13.5 习 题

1. 请说明文件或文件夹的存档属性与数据备份类型的关系。

2. 比较完全备份和增量备份的优缺点。

3. 王先生的计算机本来一切运行正常,但是在升级网卡驱动程序重新启动计算机时,却发现机器不能启动了。请帮助分析原因,并给出合理的解决方案。

高职高专计算机实用规划教材——案例驱动与项目实践

第 14 章　网络管理员心得

学习提示

本章内容的设置，旨在给学习者一些网络管理员在生产实践活动中的常见任务，作为一个窗口，使读者能够真正体会到网络操作系统在计算机管理中的重要作用。

学习目标

学习、掌握企业网络管理维护中如何组建企业的 Web 服务器，如何建立系统补丁服务器以及如何进行 Web 服务器的安全管理等应用实例。

众所周知，现在是信息社会、网络时代，人们无论学习、工作还是生活，一时一刻也离不开计算机网络。对于投入正常运转和服务的计算机网络，网络管理员是功不可没的。他们的常规任务就是网络的运营、维护与管理；他们的职责就是保证所维护管理的大大小小的网络，能够正常运转。

计算机网络是一个非常复杂的系统。要想保证如此复杂的网络系统正常运转，网管人员起着重要作用，付出了辛勤的劳动。因此，作为一个合格的网络管理员，需要有深厚的技术背景知识，需要熟练掌握各种系统和设备的配置和操作，需要阅读和熟记网络系统中各种系统和设备的使用说明，才可能在系统或网络一旦发生故障时，迅速做出准确判断，给出解决方案，使网络以最快速度恢复正常。

网络管理员的日常工作主要包括：网络基础设施管理、网络操作系统管理、网络应用系统管理、网络用户管理、网络安全保密管理、信息存储备份管理、网络机房管理等。这些管理涉及多个领域，每个领域的管理又有各自特定的任务。

在维护网络运行环境时的核心任务之一是网络操作系统管理。在网络操作系统配置完成并投入正常运行后，为了确保网络操作系统工作正常，网络管理员首先应该能够熟练地利用系统提供的各种管理工具软件，实时监督系统的运转情况，及时发现故障征兆并进行处理。在网络运行过程中，网络管理员应随时掌握网络系统配置情况及配置参数变更情况，对配置参数进行备份。网络管理员还应该做到随着系统环境变化、业务发展需要和用户需求，动态调整系统配置参数，优化系统性能。

网络管理员还应该确保各项服务运行的不间断性和工作性能的良好性。任何系统都不可能永远不出现故障，关键是一旦出现故障时，如何将故障造成的损失和影响控制在最小范围内。对于要求不可中断的关键型网络应用系统，网络管理员除了在软件手段上要掌握、备份系统配置参数和定期备份系统业务数据外，必要时在硬件手段上还需要建立和配置系统的热备份。对于用户访问频率高、系统负荷大的网络应用系统服务，必要时网络管理员还应该采取负载分担的技术措施。

14.1 管理应用案例 1——组建企业的 Web 服务器

每个企业现在都有自己的网站，主要是宣传自己的企业文化和企业产品。一般来说，企业基本采用的是租用 Web 服务器的形式，因为租用服务器投资少，管理相对简单，对于中小型企业来说非常合适。但这也是有缺点的，如只能远程管理，不能管理到 BIOS 级别，一旦宕机将无法进行管理，只能到现场解决，必将影响网站的运行效率。

其实，只要企业具备一些基本的条件，用自己的服务器架设一个对外发布的 Web 站点，也不是一件很困难的事情。

现在宽带已经普及，企业上网的速率基本上已经达到 10M，这就具备了架设 Web 服务器的最先决的条件。而且，只要服务器上安装的系统达到 Windows 2003 以上，则不用借助任何外在的软件就能组建企业自己的服务器了。现以 Windows Server 2012 为例，来讲一下企业 Web 服务器的组建。

微软的 Windows Server 2012 系统，本身带有完善的 IIS 组件(Internet 信息服务)，通过 IIS 组件我们就可以架设 Web、FTP、Mail 等服务器。但在一般的企业网络管理中，IIS 只用于 Web 服务器，而其他的 FTP、Mail 服务器的架设一般以专业的第三方软件来代替。

在 Windows Server 2012 系统的默认安装状态下，IIS 组件是没有被安装的。因此，要使用 IIS 必须先安装 IIS 组件。

14.1.1 安装 IIS 组件

安装 IIS 服务，可以通过【服务器管理器】工具添加【Web 服务器(IIS)】服务器角色来实现。

具体操作步骤如下。

(1) 启动【服务器管理器】，选择【配置此本地服务器】，单击【添加角色和功能】。

(2) 在服务器角色列表中，选择【Web 服务器(IIS)】服务，如图 14-1 所示。

(3) 选择【Web 服务器(IIS)】会自动弹出【添加 Web 服务器(IIS)所需的功能】界面，单击【添加功能】按钮，如图 14-2 所示。

(4) 单击【下一步】按钮，在此处可以继续选择需要添加的功能，如无特殊需求，此处默认即可，如图 14-3 所示。

(5) 单击【下一步】按钮，阅读注意事项。

(6) 单击【下一步】按钮，在【为 Web 服务器(IIS)选择要安装的角色服务】列表里，勾选所需要的 Web 服务器里所需的角色(默认即可，安装完成后可以更改)，如图 14-4 所示。

图 14-1　【添加角色和功能向导】窗口

图 14-2　单击【添加功能】按钮

图 14-3　添加功能

图 14-4　设置角色服务

（7）在【确认】界面中，单击【安装】按钮，Windows Server 2012 IIS8.0 开始安装，提示安装成功，如图 14-5 所示，然后单击【关闭】按钮，完成安装。

图 14-5　安装成功

14.1.2　利用 IIS 组建 Web 站点

这里以"中南海在线"为例。

具体操作步骤如下。

(1) 右击【网站】，从弹出的快捷菜单中选择【添加网站】命令，打开网站创建向导。

(2) 写入网站的描述"中南海在线"；填写网站的物理路径；IP 地址可以从下拉列表框中指定，也可以使用全部未分配，端口默认的是 80，如果有特殊需要的 Web 服务器使用特殊端口，在这里更改新的端口即可，网站的主机头可以为空，如图 14-6 所示。

(3) 单击【确定】按钮，新建网站任务完成，此时，可以看到左列的【网站】中多了一个新的网站"中南海在线"。

(4) 选中"中南海在线"，右列窗口中可以更详细地对网站进行配置和调整，如启用日志记录、设置访问权限、更改默认内容文档、网站属性等，如图 14-7 所示。

图 14-6　新建网站

图 14-7　配置网站

注意：如果网站使用的是 ASP.NET 架构，则必须弄清楚所需要的 ASP.NET 的版本，并且网站的属性中开启相应版本的 ASP.NET 服务。如果建立的网站是需要读写数据库结构的话，必须将网站的整个目录及文件在 Windows Server 2012 的资源管理器中设置 Everyone 为可读写权限，如图 14-8 所示。

图 14-8　资源管理器设置安全属性

(5) 经过以上的设置，一个本机的 Web 站点就已经建立完成，可以用本机的 IP 地址进行测试访问，如果访问正常，说明 Web 站点建立成功。

14.1.3　利用 NET 技术发布内网 Web 到外网

大部分企业都有自己的 Internet 公网访问专线，这样 ISP 供应商就会分配给企业一部分公网 IP。这些公网 IP 就是要发布的 Web 真实地址，而内网的地址就可以采用 NAT 技术映射到公网 IP 上。

如上面刚刚建立好的"中南海在线"Web 站点，内网的 IP 为 10.15.32.32，而公网的 IP 可以使用　238.257.131.36。这样就可以在防火墙上使用静态　NAT　映射，将内网地址 10.15.32.32 映射到公网地址 238.257.131.36 上，如图 14-9 所示。具体操作因为并不是 Windows Server 2012 的内容，而是第三方软硬件的设置，就不具体赘述了，如果有兴趣的话，可以翻阅相关防火墙 NAT 方面的其他书籍。

图 14-9　防火墙的 NAT 设置

当公网 IP 成功映射后，其实这个时候就可以使用 IP 进行外网访问了，但企业网站不能用 IP 进行访问，一定要用域名，那么可以进入注册过的网站的域名管理机构，将需要的域名指向这个映射好的公网　IP，生效后，此网站就正式对外发布了，互联网上的任何人都能通过域名来访问。

提示：将企业的服务器发布到互联网上，带有一定的安全风险，需要建立完善的安全机制。

14.2　管理应用案例 2——如何建立系统补丁服务器

随着信息化的发展，企业的信息化应用越来越多，服务器当然也是越来越多。现在企业大部分的服务器安装的还是 Windows Server 2012 的操作系统，一是服务器类的操作系统 Windows Server 2016 刚刚发布，并没有经过长期的实际使用；二是很多信息化的应用软件还没有在 Windows Server 2016 上测试过，兼容性值得商榷。所以，Windows Server 2012 现在还占有很大的市场份额。

日常工作中，企业的网络管理人员都会注意服务器操作系统的补丁升级，都会定期进行升级检查。Windows Server 2012 中自带 Windows Update，可以定制升级策略，进行互联网自动升级，但企业的客户机呢？如果一个企业的客户机有几百台，而且不一定都能上互联网，那么这些客户机如何升级操作系统的补丁？如果不及时安装操作系统的补丁，会带来什么后果？冲击波、震荡波的厉害之处，大家都领教过了。因此，及时更新操作系统的漏洞补丁，目前已成为提高系统安全性的主要手段。

Windows 自带的 Update 一是速度较慢、二是必须连入互联网。如果企业内网中的员工计算机不能上网，又该如何进行升级呢？这时使用默认的 Windows Update 就无法实现了。

我们可以利用微软提供的 WSUS(Windows Server Update Services)建立一个内部 Update 服务器，让企业内网中的计算机直接到这台 Update 服务器上下载补丁，以缩短用户进行升级的时间，及时提高计算机和网络的安全性。没有连接 Internet 的计算机只要在内网中能顺利访问 Update 服务器，也可实现随时升级，相当于把微软的补丁服务器放在了企业内网中。这就能很好地解决了所有客户机及服务器的系统补丁问题，企业的安全性自然就会提高。

14.2.1　了解 WSUS

WSUS 是微软公司继 SUS(Software Update Service)之后推出的替代 SUS 的产品，是微软在其网络结构中提供的关于系统补丁更新的一个解决方案，完全免费，目前版本为 3.0 SP2。使用过 SUS 的网管都知道，虽然可用它建立自动更新服务器，不过配置很麻烦，更新补丁的产品种类也较少，同时在实际使用中经常会因为网络带宽拥堵而造成客户机升级失败。WSUS 具有以下特性。

(1) 支持对更多微软产品进行更新，除了 Windows 外，Office、Exchange、SQL 等产品的补丁和更新包都可通过 WSUS 发布，而 SUS 只支持 Windows 系统。

(2) 提供了中文操作界面，以前的 SUS 操作界面为英文，不便于操作。

(3) 比 SUS 更好地利用了网络带宽。

(4) 对客户机的管理更强大，可针对不同客户机分配不同的用户组，并分配不同的下载规则。

(5) 在设置和管理上比 SUS 更简单直观。

因此，在生产环境中部署 WSUS 的应用价值主要是提高网络资源的利用率，节省带宽，同时对客户端计算机来说，更新效率也更高一些。

在 Windows Server 2003 以前，WSUS 需要单独安装，但是从 Windows Server 2008 开始，server 版操作系统就集成了 WSUS。到 Windows Server 2012 又增加了 WSUS 新的功能：Windows Server 2012 服务器管理器控制了 WSUS 服务器角色，Windows Server 2012 还可以包含或排除管理员认为合适的角色，Windows Server 2012 由 12 个 PowerShell cmdlets 组成，能够允许执行 WSUS 脚本和自动化任务，同时支持基于哈希的授权。并且，WSUS 升级工具提供了服务器版本、Windows Update Agent 和客户端版本。

接下来介绍 Windows Server 2012 环境下如何配置 WSUS。

硬件要求：如果网络中要升级的客户端计算机少于 500 台，那么架设 WSUS 服务器的硬件至少得是 750MHz 主频的处理器以及 512MB 内存，当然还需要充足的硬盘空间来保存更新程序的安装文件。

14.2.2　正式部署 WSUS

部署 WSUS 之前，要去微软的网站下载 WSUS 的应用程序，并要满足 WSUS 安装环境要求。安装 WSUS 的环境要求如下。

- 安装 SQL Server 2005 SP1、SQL Server 2005 Express SP1 或 Windows Internal Database 及以上版本软件。
- 安装 Microsoft .NET Framework 2.0 及以上版本软件。
- 安装 Internet 信息服务(IIS) 6.0 及以上版本软件。
- 安装后台智能传送服务(BITS) 2.0 及以上版本软件。

1. 安装 WSUS

(1) 运行 WSUS 安装文件，打开 WSUS 安装向导，如图 14-10 所示。

(2) 单击【下一步】按钮，提示管理员选择安装模式，如图 14-11 所示。

图 14-10　WSUS 安装向导　　　　　　图 14-11　选择安装模式

注意：如果安装的过程中，出现如图 14-12 所示的提示，那就说明服务器上的软件环境未能达到安装 WSUS 的要求，要按提示安装所需的软件。

图 14-12　WSUS 安装要求

(3) 单击【下一步】按钮，进入数据库设置界面。选择安装 Windows Internal Database，并且在安装过程中使用默认的 IIS 网站，如图 14-13 所示。

(4) 单击【下一步】按钮，进入【选择更新源】界面，单击【浏览】按钮后指定更新的源，如图 14-14 所示。

图 14-13　指定更新位置

图 14-14　指定更新源

(5) 安装完成后，出现 Windows Server Update Services 配置向导，如图 14-15 所示。

(6) 单击【下一步】按钮，设置 WSUS 的上游服务器，如图 14-16 所示。

图 14-15　WSUS 配置向导

图 14-16　设置 WSUS 的上游服务器

(7) 单击【下一步】按钮，代理服务器按默认设置，再单击【下一步】按钮，选择语言更新，如图 14-17 所示。

(8) 单击【下一步】按钮，设置产品更新选项，如图 14-18 所示。

图 14-17　选择语言更新

图 14-18　选择更新的产品

(9) 单击【下一步】按钮，选择更新的分类，如图 14-19 所示。

(10) 单击【下一步】按钮，设定同步计划，如图 14-20 所示。手动同步的好处是可以看到 WSUS 下载了哪些更新，这些更新是否要分发到客户端，以保障客户端不会因为更新的问题导致系统出现故障。

图 14-19　选择更新分类

图 14-20　设定同步计划

配置完成后，就会自动启动 WSUS 控制台，在控制台可以看到系统更新的下载状态、同步状态、更新状态、统计信息、代办事项等。这样，一台具有自动更新的服务器就组建完成了，这台服务器可以充当微软的 Update 服务器角色，为企业内部的客户端机系统自动更新，如图 14-21 所示。

图 14-21　WSUS 控制台

2. 配置客户端更新

当 WSUS 服务器组建完成后，客户端必须指定 WSUS 服务器才能进行系统自动更新，如何配置客户端呢？这就需要运行客户端的组策略编辑器了。

(1) 选择【开始】|【运行】命令，在【运行】对话框的文本框中输入 gpedit.msc，如图 14-22 所示。

(2) 单击【确定】按钮后打开【本地组策略编辑器】窗口，如图 14-23 所示。在这里可以看到【计算机配置】的【管理模板】的各个项目，在【管理模板】中找到【Windows 组件】，在右侧空格中找到【Windows 更新】选项。

图 14-22 输入 gpedit.msc 命令

图 14-23 【本地组策略编辑器】窗口

(3) 选择【Windows 更新】选项后，界面右列出现配置选项，如图 14-24 所示。

图 14-24 自动更新管理模板

(4) 右击【配置自动更新】，在弹出的快捷菜单里选择【编辑】命令，打开【配置自动更新】对话框，设置如图 14-25 所示。

(5) 右击【指定 Intranet Microsoft 更新服务位置】，选择【属性】命令，打开【指定 Intranet Microsoft 更新服务位置】对话框，设置如图 14-26 所示。

全部配置完毕后，客户端即可自动从 WSUS 服务器上进行系统补丁的更新，从 WSUS 服务器上还可以监测到更新的客户端计算机的补丁更新情况。

图 14-25　配置更新计划　　　　　　图 14-26　配置更新服务位置

14.3　管理应用案例 3——Web 服务器的安全管理

当企业将自己的内部服务器架设成为对外发布的 Web 服务器时,安全问题就随之而来。如果安全级别不够高,那么很容易被黑客或者病毒攻击,轻则服务器宕机、瘫痪,重则成为黑客的肉鸡,被黑客利用攻击企业内部网络,获取企业内部其他服务器的资料,泄露企业机密。

因此,服务器的安全非常重要,除了企业内部网络必须部署的安全设备外,如防火墙、入侵检测、病毒墙等,服务器的操作系统层面也必须部署一些必要的安全措施。下面就Windows Server 2012 系统来说明一些必备的安全策略,经过这些部署能提高服务器本身的安全级别。

14.3.1　部署服务器的防病毒安全

服务器为了防止病毒的侵入,必须部署必要的防病毒软件,推荐诺顿、McAfee 等级别的服务器网络版的防病毒软件。如果企业没有资金采购这类级别的防病毒软件,也可以采用单机版的服务器级别的国产防病毒软件,如"瑞星"服务器版的防病毒软件等。

当部署防病毒软件时,要考虑防病毒软件对服务器所提供的服务是否有副作用。有的防病毒软件运行时,对某些服务是有影响的,一定要先安装试用版,经过测试后,确认对服务器本身的服务没有影响后,才能决定正式部署。而且一定要注意,不要在服务器上安装多款不同的防病毒软件,否则会出现互相干扰,造成操作系统本身的不稳定。

当决定安装一款防病毒软件后,要熟悉此款防病毒软件的使用。有些防病毒软件安装后,会自动关闭某些端口服务,有可能造成某些服务不能正常使用。例如 McAfee 8.0 以上版本防病毒客户端软件,安装后会自动阻止某些服务,这时如果此台服务器需要这个服务,记得将它打开,如图 14-27 和图 14-28 所示。

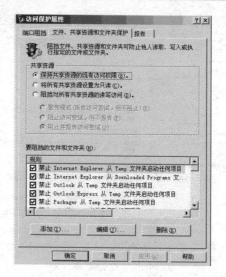

图 14-27　端口访问保护　　　　　　　　图 14-28　资源访问保护

McAfee 客户端安装后，会自动打开访问保护，在端口阻挡页面中，会自动封闭邮件的 25 端口。有些 Web 服务器如果同时提供邮件的服务时，需要用到 25 端口时，就会出现无使用的情况，这时，记得应在这里将此功能打开。

在文件、共享资源和文件夹保护页面，也会自动选中【保持共享资源的现有访问权限】单选按钮，如果用户觉得还不够安全的话，可以选中最下边的【阻挡对所有共享资源的读写访问】单选按钮，这样所有的共享式访问都将会关闭，将会给服务器一个相对安全的环境。

14.3.2　部署服务器本身的防火墙

服务器除了可以安装第三方的防病毒软件外，还可以很好地利用系统自带的防火墙功能来保护服务器，Windows Server 2012 自带微软的系统防火墙，功能虽然简单，但却很有效。

(1) 在【控制面板】中单击【Windows 防火墙】图标，可以打开系统自带的防火墙，如图 14-29 所示。

图 14-29　【Windows 防火墙】窗口

（2）　单击窗口左侧的【启用或关闭 Windows 防火墙】链接，打开【自定义设置】对话框，如图 14-30 所示，可以启用或关闭 Windows 防火墙。

图 14-30　启用或关闭 Windows 防火墙

参 考 文 献

1．孙钟秀，费翔林，骆斌．操作系统教程[M]．4版．北京：高等教育出版社，2008.

2．李学军，罗靖，孙陆青，等．Windows 2000 Server 操作系统教程(高职高专)[M]．北京：海洋出版社，2004.

3．商宏图，丛日权，解宇杰，等．Windows Server 2003 应用技术[M]．北京：机械工业出版社，2007.

4．刘永华．Windows Server 2003 网络操作系统[M]．北京：清华大学出版社，2007.

5．万振凯，韩清，苏华．网络操作系统——Windows Server 2003 管理与应用[M]．1版．北京：北京交通大学出版社，2008.

6．黄君羡，郭雅．Windows Server 2012 网络服务器配置与管理[M]．北京：电子工业出版社，2014.